数学で解ける人生の損得

志田 晶

東進ハイスクール数学科講師

宝島社

この本は数学の参考書ではありません

東進ハイスクール、東進衛星予備校で数学の講師をしている志田晶です。最初に申し上げておきますが、この本は数学の参考書ではありません。学校の勉強としての数学を効率的に学ぶ本でも、数学の成績を上げる本でも、算数パズルの本でもありません。

「数学」というものの考え方によって見えてくる人生の「損と得」を、僕なりに考えてまとめた本です。

僕は北海道の釧路《くしろ》市で生まれました。地元の小学校、中学校、高校に通い、名古屋大学の理学部数学科へ進学。そして同じ名古屋大学大学院の理学研究科で数学を専攻しました。

この大学院生時代から、予備校の講師をバイトとしてやっていました。それもあって1995年から2007年までは河合塾で講師を務め、2008年に今の東進ハイスクールに移籍、今に至ります。

そんな僕が予備校で講師の仕事をはじめて最初に感じたことがあります。それは、世の中にあまたある「教材」と呼ばれるものは、基本的に難しすぎるということでした。

予備校のテキストはその最たるものです。予備校は、テキストの問題が3題あったときに、「3問とも予習の段階で生徒に解かれてしまったら、予備校としての存在価値がない」という発想をしてしまいます。生徒や親御さんに「教えられなくても解けるんだったら、予備校に行く価値がないじゃないか」と思われたくないですからね。

だけど、そうじゃないんじゃないかと僕は考えます。たとえば、僕が作成している東進の東大数学のテキストは、全予備校の中でいちばん易しいと自負していますし、これでよいと思っています。なぜだと思いますか？

易しいから、生徒が「解けました」と言ってくることも珍しくありません。そこで講師である僕がするのは、「君はこの問題をそう捉えたんだ。だけど、こういう風に捉えるともっと簡単に解けるよね」と別の見方を示してあげることです。

そう、数学って、「解けたか、解けないか」ではありません。いろいろなものの見方を提示してあげることが数学なのです。

以前に講演会で取り上げた、立方体の展開図の問題を例に説明しましょう。

図①-1

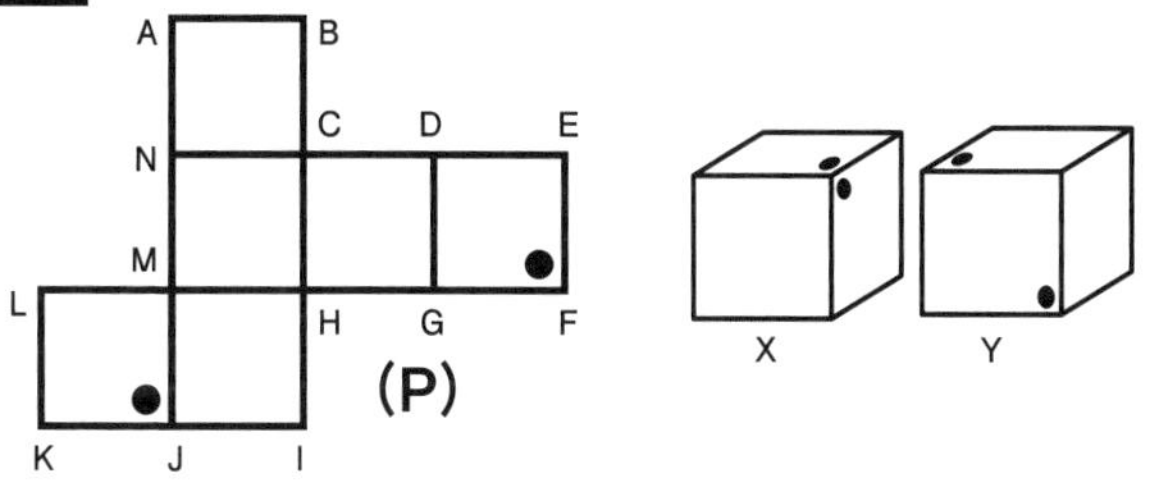

【問題】

（図①－1）の立方体の展開図（P）を組み立てると、XとYのどちらができあがるか。

皆さんはどうやって解きますか？「頭の中で組み立てればおしまいじゃないか」と思った方は優秀です。でも、もしこの展開図が立方体ではなく、正20面体だったら少し大変ですよね。だから、「頭の中で組み立てる」以外の方法を考えてみてください。

僕なら、次のページに示した（図①-2）の方法をとります。要は、全部を組み立てる必要はありません。辺LMと辺MNが重なる辺（立方体にしたときに同じ辺）だということはわかりますよね。だから正方形LMJKを、辺LMと辺NMが重なるように移動させます。

こうすると、展開図（P）は展開図（Q）になりますが、ど

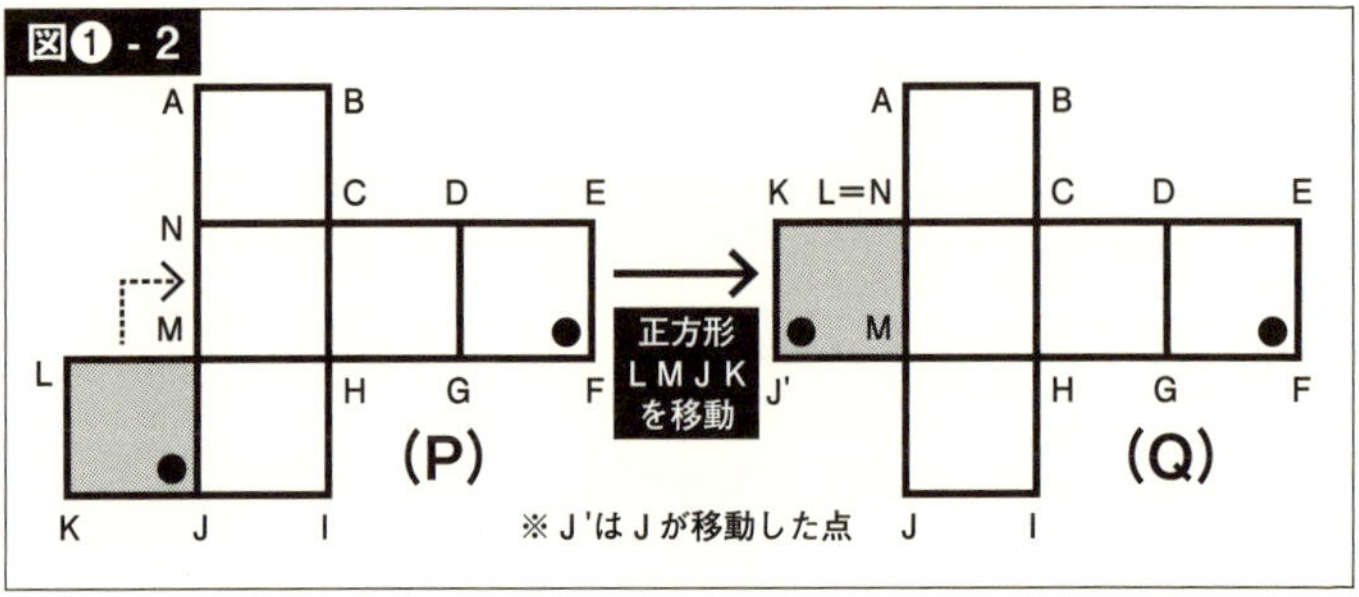

ちらも組み立てれば同じ立方体ができあがります。であれば、（Q）を組み立てたほうが簡単ですよね。（Q）は正方形が横に4枚並んでいるので、これでくるっと輪を作ることにより、立方体の側面になります。つまり、（Q）の辺KJ′とEFが重なります。

よって、完成する立体はXになることがわかります。

問題が難しいので、なんとなくしかわからないかもしれませんが、これが「ものの見方を変える」の意味です。そしてこの解き方、見える人は問題を読んだ瞬間に見えますが、見えない人は見えない。そんな見えない人に、新しい「視点」を教えるのが、数学という科目です。そう、数学というのは、ただ単に解答を教える科目ではないのです。

さらに言うと、数学とは、公理や数の性質といった「ルール」のなかで、物事の本質をつかみ、最良の結果（解答）を導き出す技術です。これはまるまる我々の人生にも当てはまります。

人生でも、何かの問題に直面して行き詰まったとき、「数学的思考」が突破口を与えてくれます。

この問題には、いま見えている以外にも、別の側面があるのではないか？　ほかの解決法があるのではないか？

数学は我々に、別の「視点」を与えてくれます。その視点が、我々を窮地から救い、勝負において劣勢を優勢にひっくり返します。日々の生活からストレスを取り除き、世の中の仕組みを理解できるような手助けをし、時に経済的な利益をも運んでくれるのです。

数学は、入試やテストといった試験だけに役立つものではありません。

人生の「損得」を大きく左右する、言い換えるなら損を遠ざけ得を引き寄せる学問なのです。本書ではそのことを、たくさんの具体例を挙げて、ひとつひとつ説明していきたいと思います。

$\int \pm \theta \approx \lim = < \surd \times \pi \Sigma \neq \sin \div \cos +$

第3章 論理的思考力を身につけろ！

第4章 数学的な考え方で世界の仕組みがわかる

$\$ \int \pm \theta \approx \lim = < \surd \times \pi \Sigma \neq \sin \div \cos$

第5章 「幸せ」になるための数学

第1章

数学ができないと社会に出てから損をする

「sin」「cos」は大人になってから使わない

皆さんは、高校数学で習う「sin（サイン）」「cos（コサイン）」というものを覚えているでしょうか？　こういう数学用語を聞いただけで頭が痛くなる人、苦手だった数学の思い出が蘇《よみがえ》ってくる人もいるかと思いますが、ちょっとだけ我慢してください。

一応、説明すると、いずれも三角関数に出てくる用語のひとつで、直角三角形の辺の比を表すものです。三角関数はもともと、巻き尺を当てられないほどの巨大な建造物の大きさや、空間上のある点から別のある点までの距離を、それ以外でわかっている情報から正確に計算するものです。

例えば、手が届かないほど高いところにある電球までの距離は、その電球の真下から現在地点までの距離と、現在地点から見える電球までの角度がわかれば、あとは三角関数表を使って比較的簡単に出せるのです。

でも現代では、携帯型の距離計だってありますし、測量技師でもない限り、個人個人が測量する必要なんて、一切ありません。

足し算・引き算・掛け算・割り算といった四則計算は、日常生活のなかで、たとえばお釣りや割り勘の計算といった局面でよく使います。しかし、「sin」「cos」といった高校数学に出てくる概念は、はっきり言って大人になってからまったく使わないのです。

ではなぜ、「sin」「cos」なんてものを学ぶのでしょうか。

それは、考える訓練を積むためです。「sin」「cos」は単なる道具であって、それ自体が数学ではありません。道具を使って考える訓練をすることが数学なのです。ですから、考える訓練ができるのであれば、他の道具だっていいのです。

例えば、将棋というゲームで説明しましょう。将棋は考える訓練を積むという点ではひとつの数学だと僕は思っています。

将棋には、歩、香車、桂馬、銀、金、角、飛車、王という駒があります。まずは、駒の動かし方を覚えますよね。これは、将棋のルールを学ぶということです。

ただし、駒の動かし方を覚えること（ルールを学ぶこと）自体は数学ではありません。「将棋が数学である」ゆえんは、駒の動かし方を覚えたうえで、局面の状況に応じて「どの手がこの状況にとって最適か」を考える訓練をするところにあります。もちろん、どこかの本に載っているような局面もあるかもしれません。その場合は、その本の手筋通りに指せばよいのですが、現実にはそのような局面ばかりとは限りません。そのようなときにでも、自分の思考の下で最適な手を判断していかなければいけません。

「sin」「cos」も同じことです。定義を覚えることは数学ではありませんし（覚えなければ話にはなりませんが）、どこかの参考書に載っている問題が出たときに、その通りに解くことが数学でもありません。今まで見たことのない状況に遭遇した時に、与えられた道具を使って最適な方法を考え、問題を解くという訓練が数学です。

その訓練の積み重ねは、やがて人生にも役立ちます。世の中にはあらゆるルールがあり、そのルールのもと、我々は生きています。

就職や転職、投資、スポーツやギャンブル、どのパートナーを人生の伴侶にすべきか。人生は判断の連続ですが、将棋と同様、間違った一手がそののちの展開を大いに左右することもあるでしょう。

ですから、決められたルールのなかで最良の結果を出すためには、まずルールをしっかり把握し、そのうえで解決法を考えていく訓練を積まねばなりません。高校数学とは、ルールを学び、そのルールの上で「最良の一手」を出すためのトレーニングであると言えるでしょう。

ここで間違ってはいけないのは、ルールを覚えることは必要ですが、それ自体が目的ではないということです。数学の公式を山ほど丸暗記しても、それは数学とは呼べません。サッカーのルールを完全に把握していても、いいプレイができないのと同じです。

「数学ができる」人は「仕事ができる」

講師として予備校で教えていると、生徒からの「学校で教えないような裏技を教えてくれるんじゃないか？」という期待をものすごく感じます。それに応えるべく、「こうやるとすぐ答えが出るよ」といった裏技的な解き方を教えることもあります。

でも、大事なのは裏技を使って答えを早く出すことではありません。その裏技がどういう仕組みでできているかを理解することが大切です。なぜなら、裏技だけを覚えてもその問題にしか対応できませんが、仕組みを知っていれば、その問題が少し変化した形で出題されたときにも応用が効くからです。車の運転方法だけでなく、動く仕組みまで知っていれば、故障したときにも適切な対応ができるのと同じです。

ただ、多くの生徒は面倒くさいことを知りたくありません。「ここにxを当てはめれば答えが出る」みたいな即効性の高い技を求めます。

ただし、これは生徒のせいばかりとは言い切れません。進学校はとくにそうですが、やたら難しい問題集を生徒に渡して、全部やってこいと言っている学校も多いそうです。数をこなさせて、パターン化して解かせようとするのです。

これは、「入試」というひとつの視点だけに立てば役に立つかもしれないですが、本当の数学力は育っていません。だから「数学ができる」「数学の成績がいい」生徒でも、数学力がないということになってしまいます。

そして、試験に役立つだけの数学は、人生にまったく役立ちません。心底、何の意味もないと思います。

本当に数学力があるかどうか、本質を理解しているかどうかは、具体的に説明させてみるとすぐわかります。例えば、僕は名古屋大学に推薦で入学したのですが（センター試験の点数と口頭試問による入試）、そのときの口頭試問もそうでした。まず、試験官からある定理なりを提示されるのです。

試験官「これを知っていますか」

僕「（教科書に載ってるから）知っています」

試験官「じゃあ証明してください」

こんな感じです。単に問題を解くだけなら公式に当てはめればいい。だけど証明するには、物事の本質、仕組みを知っている必要があります。運転方法だけでなく車の仕組みを理解しているのと同じです。

会社の仕事でもそうでしょう。あるやり方を丸暗記して、パターン化して、その通りに右から左へこなしていくのはできる。でも、年次を経て後輩が入ってきたときに、その仕事の意味や仕組み、会社全体における位置づけを質問されて答えるのは、けっこう大変ではないでしょうか。そして、ものがわかっていない人間の説明は、すぐにバレます。

人に教えるというのは、筋道立ててきちんと説明するということにほかなりません。そのことによって、自分が今まで知った気になっていたことに、はじめて気づくことも多い。数学ができることは、仕事ができることと、本質的につながっているのです。

数学を勉強しないでいい大学は日本だけ

数学という科目を勉強しなくても大学に入れる日本という国は、世界では少数派のようです。アメリカのＳＡＴ、フランスのバカロレアといったような大学入学のための資格試験では、数学がある程度必須らしいのです。そして、日本と違って大学に文系と理系の区別はないそうです。

さらに、日本だけが大学ごとに個別の入試問題を作っています。アメリカではSATのような統一の入試問題がありますが、日本だと、早稲田大学は早稲田大学の、慶應義塾大学は慶應義塾大学の問題がそれぞれに作成されます。

大学が問題を好きなように作ると、どうなるか。現在は、少子化が背景にあるので、子ども不足に悩む大学側は、受験生をたくさん集めたいという思惑から受験科目を減らす傾向にあるような気がします。受験生の負担を減らせば減らすほど、受験者は喜んで受験してくれるからです。

毎年の受験料は大学経営にとって大きな収入だそうなので、こういう発想になるのも仕方ないのかもしれません。よって日本では、受験科目が年々減らされ、私立文系の学生は、数学にほとんど触れないまま（履修したという形にはなるでしょうが）、高校時代の大半を過ごしている人が多いとも聞きます。もちろん、大学側は「入試科目に数学がない」だけで、「高校時代に数学をやらなくてよい」とは、ひとことも言っていないんですけどね。

昔は、「日本の大学は入るのが難しくて出るのが簡単、アメリカは入るのが簡単で出るのが難しい」と言われていましたが、現在では「日本の大学は入るのも出るのも簡単」になってしまいました。特に私立大学は、推薦入試やＡＯ入試の枠が拡大した結果、一般入試で入学している学生は、全体の半分もいないのではないでしょうか。

だから今は、15年前、20年前と違って、かつての名門私立でも、本当に優秀な学生がとても少ない。失礼ながら「本当に△△大生？」と聞き返したくなるような学生が少なからず混在しているのが実情です。

Excelのオート SUMを知らないと……

数学に触れないで育てば、数学的思考が培われず、思考の訓練を経ないで社会に出ることになります。すると、ある事象に対して――それは仕事でも、世の中のニュースでもいいのですが――「ほかの人が見えていること、気づいていることに、自分は気づかない。その視点が思いつかない」ことになってしまいます。人から言われてはじめて、「ああそうか」と気づくので、仕事にせよプライベートにせよ、確実に人より2～3歩は遅れてしまいます。

はっきり言いましょう。数学的思考の訓練をしないまま社会に出ると、人生で大きなハンデキャップを背負います。これは、人生においての「損」にほかなりません。

「損」の例はこのあとの章でも紹介しますが、ひとつ例えるなら、表計算ソフトのExcel（エクセル）で、ある列の数字の合計を出す時、電卓を叩《たた》いて計算するようなものです。

Ｅｘｃｅｌを使う人なら知らない人はまずいないと思いますが、このソフトには「オートＳＵＭ」という機能があり、指定したセルの合計（ＳＵＭ）を操作ひとつで算出してくれます。

しかし、この機能を知らないと、無用の労力を割いて余計に時間を使わなければなりません。１００個の数字があったら電卓を１００回、１０００個あったら１０００回叩かなければなりません。いずれも「オートＳＵＭ」を使えば、答えを出すのに10秒もかからないでしょう。

にもかかわらず、その機能の存在を知らなければ、仕事の効率が落ち、残業も多くなるので、遊びに行くこともできません。当然、上司からは「仕事が遅い、出来ない奴《やつ》」という評価が下り、出世や収入にも響きます。電卓を叩く以外の方法の存在に気づかなかったばかりに、人生で明らかな「損」をする羽目になるのです。

「オートＳＵＭなんて誰でも知ってるよ」とバカにされる方もいるでしょう。しかしＥｘｃｅｌにはもっとずっと高度な関数が山ほどありますし、何らかの文字が入力されているセルの合計数を出したり、隣同士のセルの文字列を接続して1つのセルに表示させたりという機能もあります。それを、せこせこ手作業でやっている人は少なくありません。

スマホもそうです。ｉＰｈｏｎｅに代表される高機能なスマホは、ものすごく多くのことができるポテンシャルを持っていますが、意外に多くの人が便利な機能の存在を知らなかったりします。

世の中には、Ｅｘｃｅｌのオート ＳＵＭのような、気づきさえすれば誰でも使うことができるライフハック術が、たくさん転がっています。それらの存在を知ることは、すなわち世の中に設定されたルールを熟知することにほかなりません。

ルールなのだから、世の中の誰もが使える状態にあります。なのにそのルールを知らないというのは、勝負の土俵で大きな不利を被ることになる。何より「損」をしてしまうのです。

「アナロジー」――物事を体系的にまとめよう

数学に限らず、ある問題を解決する方法で有効なのは、「過去に見知った事例との類似点を探す」ということではないでしょうか。

例えば、意中の相手の気持ちがわからないときは、過去に別の異性と似たような状況になったときどうだったかを思い出してみる。機械が故障したときは、同じような症状に陥った人がどうやって修理したかをネットなどで調べてみる。仕事で大失敗したとき、どうしたらもっともダメージが少なくなるかを、過去の経験から参照して適切に対処する。

もちろん、自分が実際に体験していなくても構いません。過去に読んだ本、聞いた話、街で見かけたことでもいいのです。大事なのは、現在の自分が取り巻かれている状況と「本質的に同じような状況」を素早く見つけ出すということ。

これが、数学でいうところの「アナロジー（類推）」という考え方です。

アナロジーとは、「異なるものを同じ」とみなす手法です。一見してまったく異なる問題設定だったとしても、実はことの本質が同じだったと気づくことです。

例えば、数学にはさまざまな分野がありますが、「確率」の問題が出たときに、「関数」の手法で用いた考え方を使って解ける場合があります。これらの例は巻末に載せたので、読んでみてください。（189ページ）

ちなみにアナロジーの考え方は、数学という分野の中だけに限りません。例えば、「ポアンカレ予想」という、数学史上まれに見る難問を2006年に証明したロシアのグレゴリー・ペレルマンという数学者は、数学だけでなく物理学も利用して証明を成し遂げました。

つまり何か物事を解決しようと思ったときに、同じ分野の別事例だけでなく、一見して全然関係のない分野の事例にも同じ性質を見出《みいだ》して「使えるんじゃないの？」と考えるのがアナロジーです。

先ほどの例で言えば、意中の異性の気持ちがわからないとき、過去の恋愛経験からではなく、（あくまで例えですが）学生時代にやった飲み屋の接客バイトが何かのヒントになるかもしれません。もの言わぬお客さんが、気前良くおかわりしてくれるときと、くれない時、その違いの理由が、相手の態度の裏を推理する一助になる……かもしれないのです。そこに類似性を見出すのがアナロジーです。

アナロジーは「あるルールにしたがって分類し、同じものを体系的にまとめる作業」を経て行われるものですが、この「世の中に無限に存在する個別の状況や問題設定を、分類したりまとめたりして、本質を明らかにする」のが、数学という学問の核にある——とも言えるでしょう。

合同と相似——世界をシンプルに捉える方法

分類の一例を挙げましょう。〝似たような〟もの同士をくくる数学の概念に、「合同《ごうどう》」と「相似《そうじ》」があります。

「合同」は、二つの図形が「ぴったり重なる」ということ。全く同じ大きさ・形の二つの図形のことです。向きが違っていても、裏返しでもよいですが、平行移動や回転移動などをさせることによってぴったり重なる図形同士を指します。

一方の「相似」は拡大・縮小して重なるもの。縦横比が同じで大きさの違うコピー用紙はそうですね。「デジカメで撮った写真を、ブログにアップするためにパソコン上で40％に縮小する」のもそうです。

さらに〝似たような〟状態はこの二つだけではありません。もうひとつ「同相《どうそう》」という概念があります。こちらのほうがもう少しゆるい概念です。例えば円と四角形と三角形は「同相」です。これは、同じ1本のぐにゃぐにゃ曲がる針金を使えば、一方の図形からもう一方の図形へと連続的な変形ができるからです。

反対に、「同相でない」図形同士は何かといえば、例えば球とドーナッツです。これは、片方の図形からもう片方の図形に連続的な変形ができないことが知られています。もちろん、分類は数学的な分け方にこだわる必要はありません。色とか「見た感じの印象」でもいいのです。

大切なのは、与えられた状況によって、どの分類を選べばよいかが変わるということです。円と三角形を同じとみなすことで解けることもあれば、逆にその発想が障害になって問題が解けないこともある。それを知ることが大事なのです。「三角形・四角形」といった「頂点の数」で分けたほうがいいかもしれないし、「合同」とか「相似」で分けたほうがいいかもしれません。

「なにかを分類してまとめる」のは、数学だけでなく、人生にも最良の結果をもたらしてくれます。分類とまとめを巧みに行えば、複雑怪奇な世の中が随分と整理されます。ことの本質が見え、社会の仕組みや成り立ちがよくわかるようになります。

数学力を磨けば、世界をくっきりと、シンプルに把握できるようになるのです。

第2章

合理的判断力を身につけろ!

ポイントをマイルに交換するか、しないか

数学力のある人は、「合理的判断力」が長《た》けています。「合理的判断力」とは、ひとことで言うなら、複数ある選択肢のなかで、どれが自分にとって一番プラスなのかを判断する力のことです。

「合理的判断」は、なんとなくとか、第六感とか、そういったあやふやなものを頼りにしません。できるだけ論理的なプロセスを伴って判断に至るのです。そのためには、先述したように、そこに存在するルールを理解したうえで、ルールの中で最良の答えを出す必要があります。これこそまさに数学です。

では、事例を紹介していきましょう。以下の例では、与えられた情報が不完全な状態から、判断しているものもありますので、正しくないものもあるかもしれませんが、数学のできる人がどんな思考しているかのイメージをつかんでもらえればと思います。

僕は名古屋に住んでいて、名古屋鉄道（名鉄）という私鉄をよく利用します。名鉄には「ｍａｎａｃａ」という、ＪＲ東日本で言うところの「Ｓｕｉｃａ」のようなプリペイドカードがあって、乗車ごとにマイレージポイントがたまる仕組みになっています。

「ｍａｎａｃａ」で貯まったポイントは還元して乗車賃として使えるのですが、あるとき名鉄と全日空（ＡＮＡ）が行うキャンペーンが電車内広告に載っていました。以下、①か②のどちらかが選べるというものです。

①ＡＮＡで貯まった1万マイルを「ｍａｎａｃａ」の1万ポイントに替える
②「ｍａｎａｃａ」の100ポイントをＡＮＡの60マイルに替える
（＝「ｍａｎａｃａ」の1万ポイントをＡＮＡの6000マイルに替える）

②は１００倍したらわかりやすいので併記しました。

さて、①と②だとどちらが得に見えますか？　これ、②だと「1万（ポイント）が６０００（マイル）に減る」から、一見すると①が良さそうに思えるのですが、実は反対で、②のほうが得なんです。

その理由は、マイルとポイントの通貨価値にあります。

ＡＮＡのマイルは、1マイル2～3円くらいの価値がありますが（飛行機に正規運賃で乗る場合）、「ｍａｎａｃａ」のポイントは1ポイント1円。つまり、①の「1万マイルを1万ポイントに」というのは、2～3万円を1万円に交換しているのと同じなのです。そして②

は、100円を120〜180円に、もしくは1万円を1万2000〜1万8000円に交換しているのと同じです。ということは、②のほうがお得ですよね。

広告の数字の部分だけに注目してしまうと、一見して「100が60に減るから、損するじゃないか」って思ってしまいます。でも、実際には得なのです。

もちろん、今は飛行機自体も特割のように安く買える（変更できないというリスクは背負いますが）ので、そんな単純な問題ではありません。また、飛行機に何年も乗る予定もない人がマイルをもっていても意味がありませんから、絶対的な正解というわけではありません。ただ、一見して得に見えるものが必ずしも得とは限らない、ということがわかる一例なのではないかと思います。

ちなみに、今回のこの合理的判断をするためには、「ルール」を知らなければなりません。そのルールとは、「ANAのマイルは1マイル2〜3円くらいの価値があり、『manaca』のポイントは1ポイント1円の価値がある」ということです。

「manaca」の1ポイントは通常時、1円分の乗車料金として使うことができるので、比較的わかりやすいですが、ANAのマイルの場合は、「東京から沖縄までは△△△マイルあればタダで往復できる、その際の航空運賃は○○○円くらいだから……」という計算が必要です。でも、それさえやれば、損をしません。これが合理的判断力です。でも、多くの人が合理的判断をしないで①を選び、損をしているように感じます。

余談ですが、名古屋鉄道株式会社はＡＮＡホールディングスの大株主だそうです。

数字が踊っているばかりに、一見して得のように見えて、実は損している例は世の中に他にもたくさんあります。量販店のポイントカードもそうですね。

「現金払いなら10％ポイント還元、クレジットカード決済なら8％還元」

これだと、一見して現金払いのほうがいいような気がします。しかしクレジットカード自体にポイントがつきますので、見た目以上にその差は縮まっているのかもしれません。また、カードにつくポイントの価値が1ポイント＝1円とは限らないので、そこは調べる必要があります。ポイント還元率が期間限定で高い場合もありますから、そのあたりは合理的判断力をフルに使わねばなりません。

僕は、「数学ができない人は、自分が損していることを知らないで損している」と常々思っていますが、これらはその好例です。得だと思ってやっていても、実は損しているという不幸です。ただ、本人が気づいていないのですから、ある意味で幸せなのかもしれません。

節税は税理士の「合理的判断」と衝突する

自営業やフリーランスのデザイナーさんといった個人事業主の方は、いろいろな方法で税金を安くすることができるようですが、黙っていても、誰もその方法は教えてくれません。税金に関する法律というのは、国や地方自治体が決めた「ルール」です。そのルールを熟知しないと、ここでも損をします。

たとえば、サラリーマンの方が所得額をコントロールするのは難しいですが、個人事業主の方はさまざまな方法を使って「実入りは下げずに、額面上の所得を下げる」ことを考えます。業務上必要な買い物や業務で使う車のガソリン代などを「経費」として計上し、収入から差っ引くのは、もっともよく知られた手段でしょう（収入－必要経費＝所得）。

ただし誤解してはいけません。節税の本質とはあくまで、「自分の収入をどれだけ税率の低いところに配分するか」であると僕は考えます。業務で使うからといって無用の高級車や贅沢品《ぜいたくひん》を購入し、のべつまくなしに「経費化」すれば、たしかに税金も減りますが、手元に残る現金も減ることになってしまうからです。

節税に関する本はたくさん出ているので、ここで詳しくは解説しませんが（もちろん、僕は税の専門家でもありませんよ）、ひとつだけ例を挙げましょう。

かつて、会社経営者が「少人数私募債《しぼさい》」を使って節税する方法がありました。たとえば、僕が会社をつくって、すごく業績がいいとします。すると、売上に応じて法人税がどんどんかかってしまいますよね。家族や親族などを役員にして役員給与を増やせば、その分法人税を下げることはできますが、今度は役員一人一人の所得税が増えていってしまいます。

そこで会社として「少人数私募債」というものを発行します。これは社債の一種。社債とは、会社が投資家からお金を出資してもらい、その引き替えに発行するものです。

少人数私募債の引受先を仮に僕と僕の親族にしておいて、僕らは会社にお金を貸し付けます。社債は投資した人に利子を支払わなくてはならないので、僕らはその利子を受け取ることができるわけです。会社は利子によって経費が増えるので、まずここで会社の法人税が節税できます。

しかも、ここで僕らが受け取った利子には、他の所得（例えば給与など）と合計して所得税がかかるわけではありません。なぜならこの利子は「源泉分離課税」といって、あらかじめ所得税と住民税として20％の税金（正確には、復興特別所得税を含み、20・315％）を引かれているからです。銀行預金の利子と同じ理屈です。「20％も引かれてるじゃないか」とお思いでしょうか。でも、もし利子ではなく給与として会社から僕らに支払われた場合、それがある金額を超えると、累進課税によって税率は20％どころではなく跳ね上がってしまうのです（現在、所得税と住民税を合わせた最高税率は50％ほど）。

ところが利子として支払う方法だと、どれだけ給与所得が高くても、この利子にかかる所得税・住民税の税率は20％据え置き。しかもこれは利子所得であって給与所得ではないので、社会保険料の金額も抑えられます。これは、高額納税者の節税対策としてよく用いられている方法だったようです。

なぜ「方法だった」かというと、平成25年に法律が改正されたことにより、少人数私募債（平成28年1月1日以後発行分）を使った節税ができなくなったからです。改正によって、利子が源泉分離課税ではなくなり、他の所得と通算し、累進課税が適用される総合課税の対象になりました。税法は頻繁に改正されますので、そのときどきに応じた節税方法もまた、常に考案され続けているようです。

ただ、節税方法は税理士さんに聞けばすべて教えてくれる……と考えるのは甘いと思います。税理士さんの立場からすると、わざわざ節税方法を提案すれば、自分の仕事を増やすことになりかねません（定額の顧問料以外に報酬が発生するなら話は別ですが）。

僕が考えるに、税理士さんの「合理的判断」としては、何も教えないのが得策です。余計なことを言わず、不都合が生じないように税務処理だけを完璧にこなし、顧客に聞かれたときだけ、それに対する最適な対応をとったほうがよい——と考えるのが、税理士さんの合理的判断ではないでしょうか。

コインを2回投げる投資モデル

ポイント交換にせよ節税にせよ、無用に損を被らない方法のひとつではありますが、これは別に儲《もう》けようとしているわけではないのです。むしろ僕は、「儲かる」話を基本的に信用していません。すべての物事にはリスクがあり、リスクがあるからリターンがあるのです。ハイリスク・ハイリターンというのは、数学の問題ととらえることもできます。

投資というものを簡略化した、コインを2回投げるゲームを考えてみましょう。

まず、はじめの持ち点を10とします。そして、10点のうち、何点賭けるかを決めます。コインを投げて、表か裏かが当たったら賭けた分が増えますが、外れたら失います。たとえば、

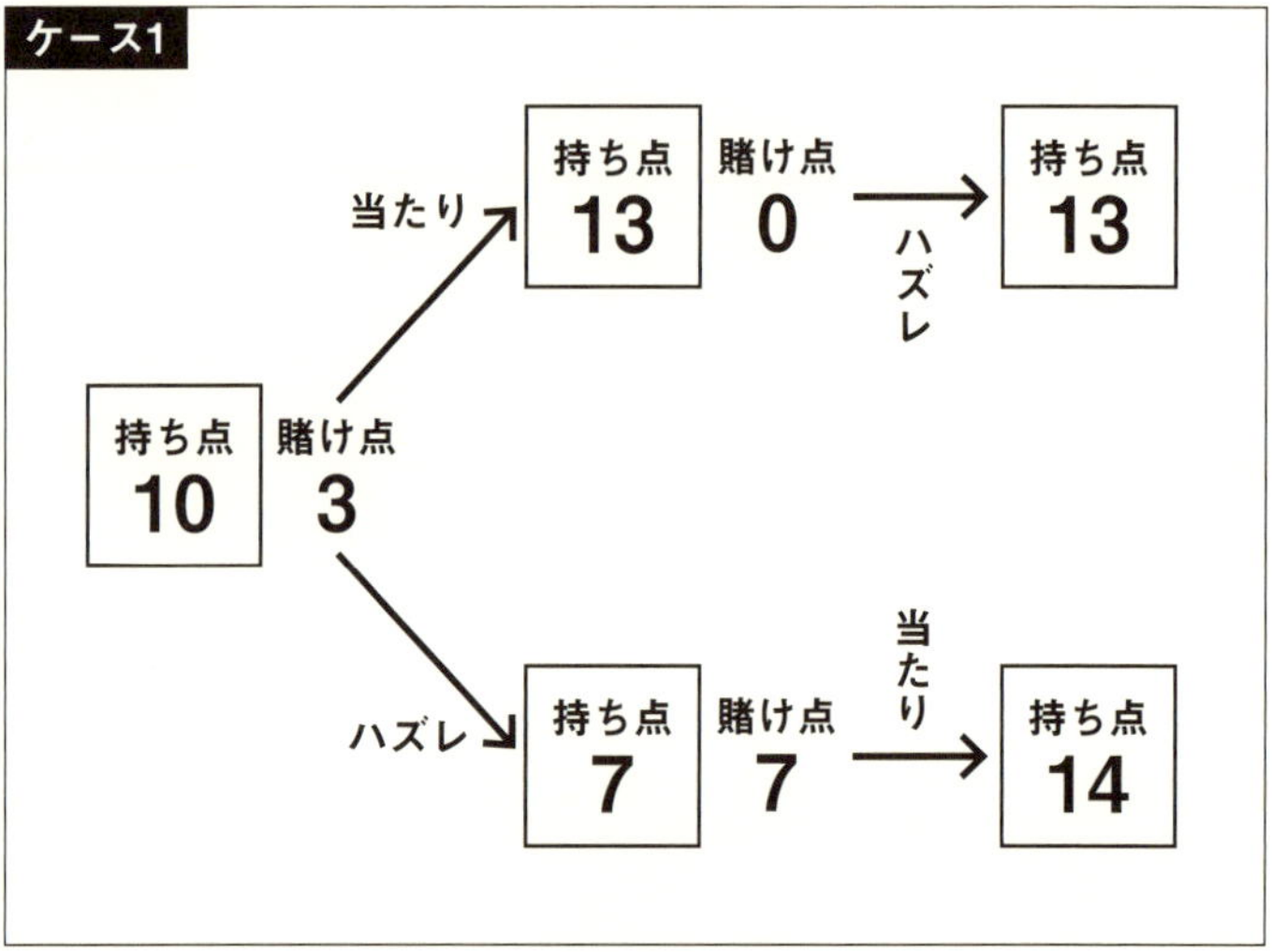

3点賭けて、当たれば13点に増え、外れれば7点に減ります。

この賭けを2回繰り返すのですが、このゲームには以下のような特殊なルールがあります。

「2回のうち1回は必ず当たり、1回は必ず外れるということが確定している。しかし1回目が当たるか外れるかはわからない」

ですから、プレーヤーはこういう行動に出ます。

もし、1回目に3点賭けて当たったら、次は必ず外れるので、2回目は1点も賭けないで（つまり、0点を賭けて）、13点のまま。

もし1回目が外れたら、次は必ず当たるので、

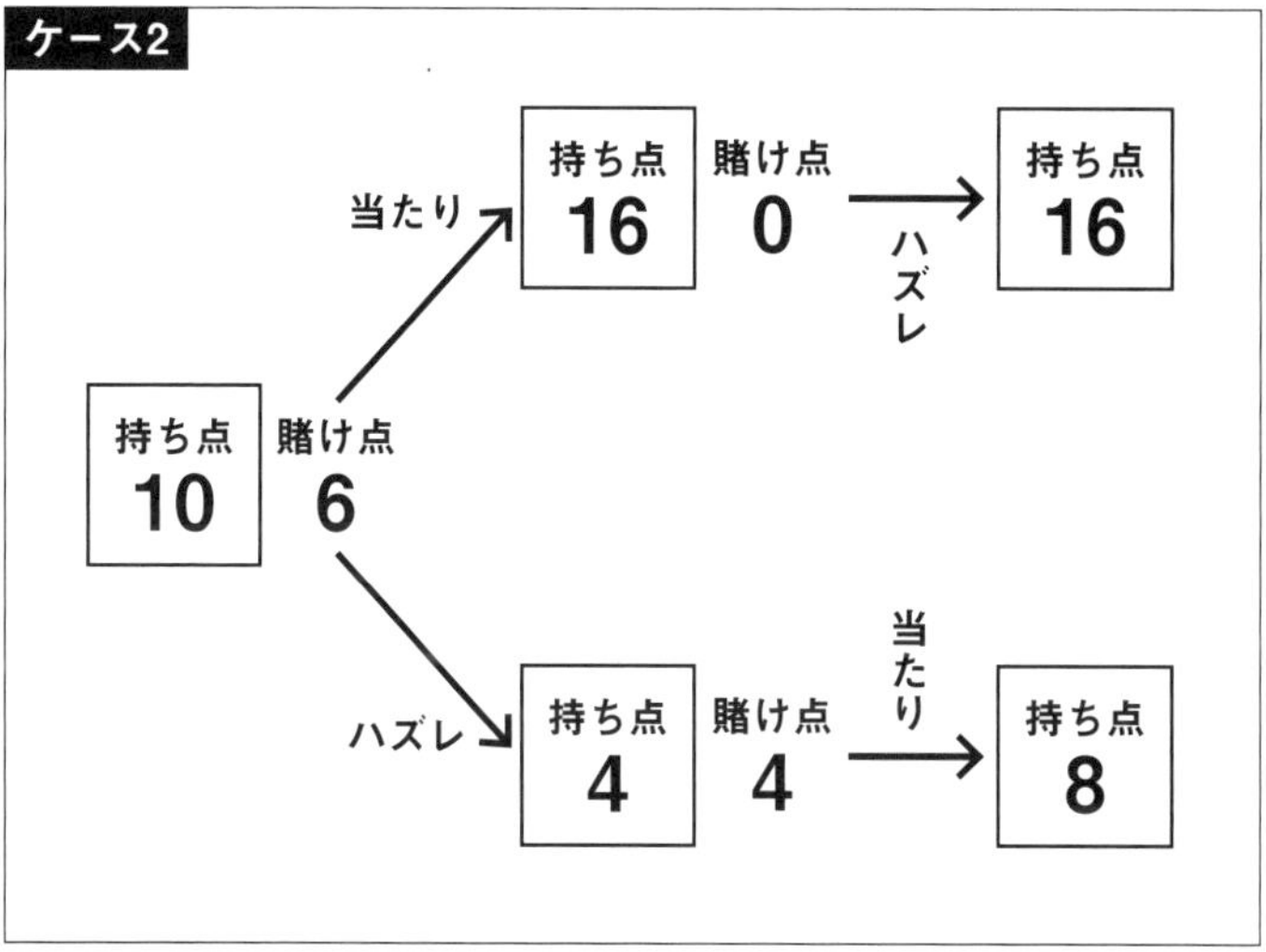

7点すべてを賭けて14点になる【ケース1】。

もう1つの例を出しましょう。持ち点10点のうち、1回目に6点賭ける場合です。16点に増えるか8点に減るか、という結果が待っています【ケース2】。

このゲームの大事なことは、1回目が当たるか外れるかは絶対に予測できないということです。1回目が終わった時点で2回目が当たるか外れるかは判明しますが、最終的に何点残るかは、前もってわかりません。

ただ、「ケース1の場合、最低13点は保証される」ということは言えます。失敗した場合でも13点は残る。しかし「ケース2の場合、失敗した場合に保証されるのはたった8点」

です。

これは10点を運用する投資の話と考えることができます。例えば、ケース2なら10点を運用してうまくいくと16点、失敗すると8点になるということです。

ここで、「2回のうち1回は必ず当たり、1回は必ず外れることが確定している。しかし、1回目が当たるか外れるかはわからない」という状況は、このゲーム独自の決めごとですが、ある情報が与えられたゲーム（投資）と捉えることができます。例えば「円安に振れたら株が上がる、円高に振れたら株が下がる」とか、「新商品が出たらその会社の株式が上がる」といったような、よく知られた投資上の法則のようなものと、本質的には変わりません。参加しているプレイヤー全員が（知ろうと思えば）その状況を知ることができるということが大事です。

投資は「期待値」で判断せよ

投資というのはお金を儲けるゲームです。そして、投資のときに何をいちばん意識するかというと、「損をしたくない」ということでしょう。「損」はできるだけ避けたいものです。

つまり、「最低でも保証される点数」をできるだけ大きくしたいわけです。

【ケース1】を現金で考えてみると、1000万円を運用した時、うまくいったら1400万円になる。失敗したとしても1300万円は保証されるから、投資先としては安全であると言えます。

しかし**【ケース2】**では、1000万円を運用したとき、うまくいくと1600万円になるりますが、失敗したら800万で元本割れしてしまいます。だから数学上は、**【ケース2】**のほうがリスクのある投資であって、**【ケース1】**のほうが安全な投資である——と言えるでしょう。

でも、リスクのある**【ケース2】**は1600万円になる可能性も秘めています。ここからわかるように、リスクの高い運用である**【ケース2】**はリターンも大きい（ハイリスク・ハイリターン）。**【ケース1】**はリスクが小さいからリターンも小さい（ローリスク・ローリターン）というわけです。

このように、「ハイリスク・ハイリターン」と「ローリスク・ローリターン」は、簡単な数学的モデルで説明することができます。だから数学力のある人は、ハイリターンなものは同時にハイリスクでもあるとよく知っていますし、それをじゅうぶんに覚悟してからしか運用しないのです。

よく、「10％の利回りで運用します」と謳《うた》う怪しい商法の会社が潰《つぶ》れたときに、投資した人が「お金を返せ！」と大騒ぎしている報道を目にしますよね。でも、これは数学ができる人には少し不思議な光景に映ります。「10％の利回りで運用」するということは、「元金が10％増えることもあるけれども、それに見合ったリスクがある」ということにほかなりません。にもかかわらず「騙《だま》された」と騒ぐのは（実際、騙されたのは事実で、お気の毒だとは思いますが）、自分は数学ができないと世の中に言いふらしているにすぎないのです。（失礼！）

ちなみに、私の知り合いで、アルゼンチン国債に投資している数学の先生がいたのですが、その方は、「アルゼンチン国債は利回りがいいんだけど（当時7％から10％だったと思います）、カントリーリスクがあるからねぇ」とよくおっしゃっていました。そして、２００１年にアルゼンチンがデフォルト（債務不履行）になったときには、「利回りがいいものを買ったんだから仕方ないよね」と何の動揺もせずにおっしゃってました。さすがです。

投資するときは、「平均するといくらもらえるか」を考えると合理的判断に役立ちます。これを数学では「期待値」と呼びます。

例えば、コインを投げて表が出たら１００円もらえる、裏が出たら1円ももらえないとしましょう。このコイン投げは平均したら50円もらえるので、期待値は50円です。

そこで、もうひとつ条件を追加します。このゲームに参加する参加料を60円としましょう。つまり、表が出たら100円もらえるので40円得しますが、裏が出たら60円損します。

このとき、期待値は50円、つまり平均すると50円しかもらえないので、期待値が参加料（60円）を下回っていますよね。そういう場合には、「参加しないほうがよい」というのが合理的判断です。逆に参加料が40円なら、裏が出て損をしてしまう可能性はあるのですが、期待値が参加料を上回るので、「参加したほうがよい」ということになります。

期待値が参加料より大きいか小さいかによって、そこに投資すべきかしないべきかを決める。それが合理的判断です。

『クイズ$ミリオネア』でもっとも合理的な判断

みのもんた司会で2007年まで放送されていたTV番組『クイズ$ミリオネア』も、投資の話でした。

多くの方がこの番組をご存知かと思いますが、一応、ルールをおさらいしましょう。解答者は全15問の四択クイズに挑戦し、1問正解するごとに、賞金が10000円から徐々に上がっていき、全問正解すると1000万円がもらえます。

『クイズ$ミリオネア』の正解数と獲得賞金

正解数	獲得賞金
5	¥100,000
4	¥50,000
3	¥30,000
2	¥20,000
1	¥10,000

正解数	獲得賞金
10	¥1,000,000
9	¥750,000
8	¥500,000
7	¥250,000
6	¥150,000

正解数	獲得賞金
15	¥10,000,000
14	¥7,500,000
13	¥5,000,000
12	¥2,500,000
11	¥1,500,000

間違えると、５問目以下なら０円、10問目までなら10万円、それ以上なら１００万円をもらうことが保証されています。

そしてここが重要ですが、解答者は問題を聞いたあとで、正解する自信がないと思ったら「ドロップアウト」という宣言をして挑戦を放棄することができます。例えば12問目で「ドロップアウト」を宣言すれば、11問目までの賞金１５０万円を確実に獲得できるわけです。

仮に、解答者が12問目まで正解していたとしましょう。それで13問目に挑む（参加する）かどうかというところですが、参加した場合、問題は四択なので、クイズの正解がわからず、答えをでたらめに選ぶと、４分の１の確率（正解の場合）で５００万円をもらえ、４分の３の確率（不正解の場合）で１００万円をもらうことになります。

図②-1

$$\frac{100万+100万+100万+500万}{4}=200万<250万$$

（期待値）　（ドロップアウト）

図②-2

$$\frac{100万+500万}{2}=300万>250万$$

（期待値）　（ドロップアウト）

これを期待値で考えると（**図②-1**）、期待値は２００万円です。しかし、ここでドロップアウトすればひとつ前、12問目の問題の賞金をもらえるので２５０万円です。つまり２００万円と２５０万円なので、この局面ではドロップアウトするほうが得です。つまり、「13問目で正解がわからないときはドロップアウトを選んだほうがよい」というのが、この場合の合理的判断というわけです。

ただし、解答者が「フィフティ・フィフティ（50：50）」を使っていないなら、話は変わってきます。「50：50」は四択を二択に減らしてくれる救済措置ですが、もし13問目にこれを使えば、獲得賞金は2分の1の確率で５００万円、同じく2分の1の確率で１００万円になります。期待値は（**図②-2**）のようになりますね。

期待値は３００万円、つまりドロップアウトして確実に得られる２５０万円より上なので、「ドロップアウトしない」が合理的判断ということになります。

「テレビに映りたい」という合理的判断もあり!?

ひとつ注意したいのは、どんなときにも「四択ならドロップアウトが得、二択ならチャレンジするほうが得」ではないということです。例えば、14問正解していて15問目に挑むという局面の場合、ドロップアウトして得られるのは750万円。そして四択と二択（50：50）それぞれの期待値は、こうなります（**図②-3**、**図②-4**）。

どちらにしてもドロップアウトしたほうがいいということになります。合理的判断は丸暗記するものではないので、その都度その都度の条件を完全に理解したうえで判断しなければなりません。

ただ、番組を見ていた方ならわかると思いますが、解答者はあまりドロップアウトという選択をしません。おそらく、理由は大きく二つあります。

ひとつは、こう言ってしまうと身も蓋《ふた》もありませんが、解答者が合理的判断のできない人間であるということです。

図❷-3

$$\frac{100万+100万+100万+1000万}{4}=325万（期待値）<750万（ドロップアウト）$$

図❷-4

$$\frac{100万 + 1000万}{2}=550万（期待値）<750万（ドロップアウト）$$

もうひとつは「自分にとっては、賞金を得るよりもテレビに映る価値のほうが高い」から。芸人さんなどの場合、1分でも多くテレビに映ったほうが、賞金を何百万円か余計に獲得するよりも、自分の仕事にとってはプラスになりますよね。お金のことだけを言って今の何百万円を手にするより、ここで名を売り、今後芸人として活躍したほうがトータルではたくさん稼げるかもしれません。

本章の冒頭で書いた合理的判断力とは、「複数ある選択肢のなかで、どれが自分にとって一番プラスなのかを判断する力」なので、それにピッタリ合致しています。つまり、彼らにとってはそれもひとつの「合理的判断」というわけです。

ただ、芸人ではなく文化人タレントの場合は「間違えて恥をかき、自分の権威に傷がつく」という別のデメリットもあるので、判断は難しいところかもしれません。

いずれにしろ、少なくとも解答者が一般人の場合、そこまでのメリットはありません。だから僕がもし『クイズ$ミリオネア』に出演できて、さらに14問目まで正解し、15問目の答えがわからなかったら、100%ドロップアウトします。

答えがわかっても答えてはいけない――『アタック25』

クイズ番組つながりで言うなら、『パネルクイズ アタック25』という長寿番組があります。4人の解答者が競い、クイズに正解すると5×5のパネルの中で既に点灯しているパネルに接した1つのパネルを選んで点灯させ、最終的に自分の色がもっとも多い解答者が勝利する、というルールです。

ポイントは、自分の色で自分以外の解答者の色を挟むと、オセロの要領で挟んだ色を自分の色に変えられること。つまり、オセロと同じで角を取ったら有利になるわけです。ちなみに、1問目の正解者は有無を言わさず真ん中のパネルを選ばなければなりません。

僕はこの番組を見ると、いつもイライラします。解答者の方はあんなに難しい問題に答えられるほど優秀なのに、どのパネルを取るかがけっこう間違っているからです。このルールだと、25問全部自分で正解できるならば、どのパネルを取ってもいいのですが、そんなことはほぼ不可能でしょう。そして、うまく取っていけば、わずか数枚とることで（答えればば）

勝つことができます。

このゲームは「正解はわかっても答えたほうが得とは限らない」ゲームです。具体的に説明しましょう。例えば次のページの図を見てください（**図②-5**）。

①の局面で白以外のプレーヤー（例えば赤とします）が答えてしまうと、どこかに赤を入れなければなりません（対称性などを考慮すると、本質的には、入れ方は②の2通りしかありません）。

ところが、このあと「挟めるものがある場合はそれを取らなければならない」というルールのために、赤はしばらく角が取れないという状況になってしまいます。一方、白、緑、青のプレーヤーは、次に答えれば角をとることができます。だから、答えた赤が不利になります。

したがって、①の局面では、答えがわかっていても赤は答えないほうがいいのです（同様に青も緑も答えないほうがよい）。シンプルですが、数学的には非常に奥が深いゲームです。

保険は「不幸の宝くじ」

入らなくていい保険に入っている人が結構多い、という話をしましょう。

図❷ - 5（アタック25の図）

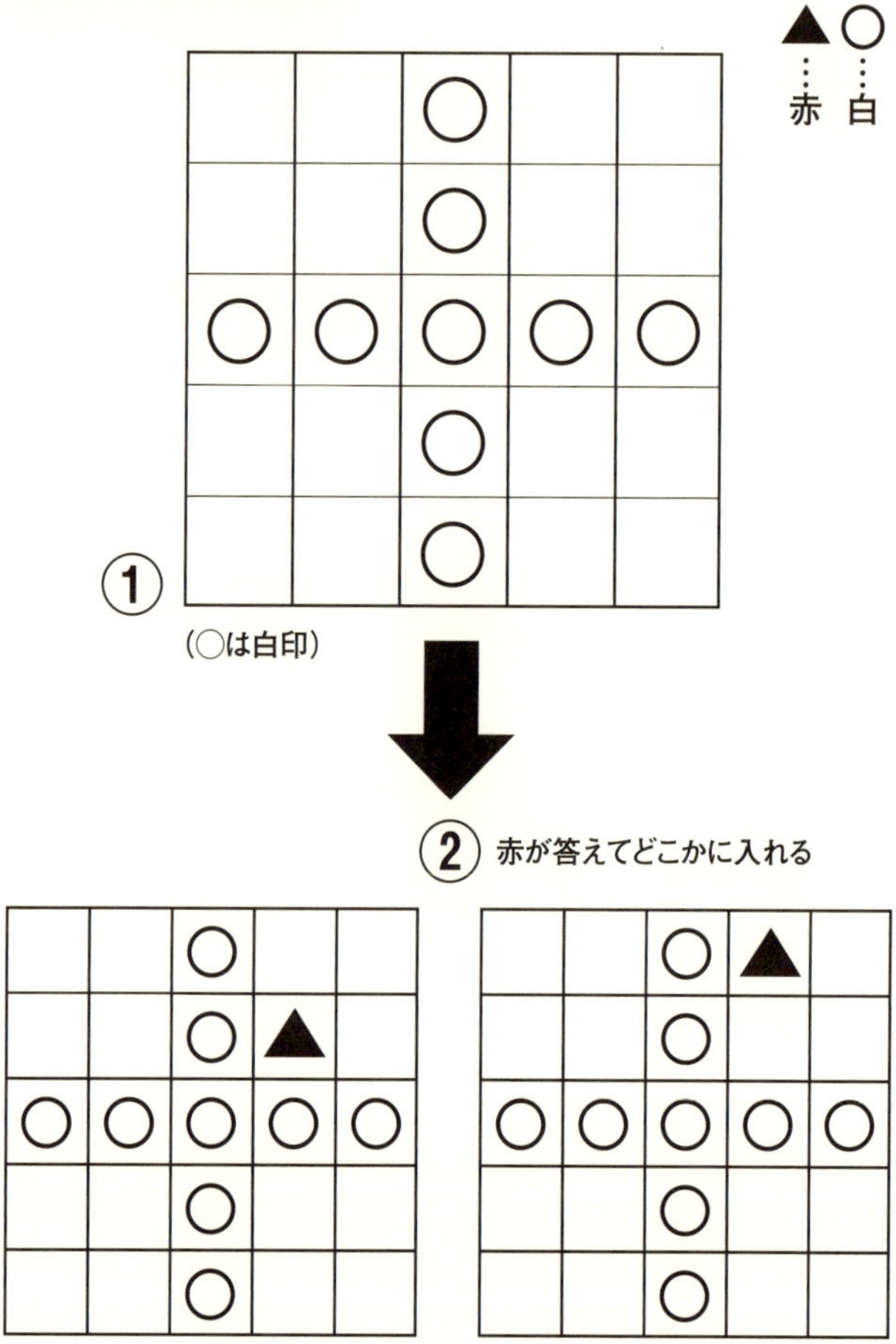

白、緑、青は次に角が取れる
赤は当分、角が取れない

保険には特約というものがありますよね。保障内容を充実するために、主契約に付加する契約のことです。

例えば、僕が入っている火災保険の特約に「床下浸水だといくら保障」というものがあるのですが、これには入っていません。なぜかというと、僕の家は少し高台にあって、うちが床下浸水するような大雨は、ほかの家で言うと2階まで浸水するくらいのものなのです。もちろん、それくらいのすごい雨が降る確率はゼロではないですが、宝くじの高額賞金が当たるくらいの確率です。そんな低い確率の賭けに対して、果たして年間数千円なりという保険料を払う必要があるのでしょうか。万が一そうなった時は、自分で損害をすべてかぶるしかありませんが、分の悪い賭けとしか思えません。

「賭け」という言葉を使いましたが、保険は「不幸の宝くじ」と言われています。不幸になった人が「当たり」のくじというわけです。保険とは、たくさんの人が出資したお金をみんなで分けるシステムです。たとえば1人10000円ずつ出し合って10人が保険をかければ、100000円が集まります。そして、10000円を分配する。これは宝くじとまったく同じ。誰が当たるかといったら、不幸になった人が当たるというわけです。

さらに、胴元たる保険会社が手数料を取っていますから、もし仮に手数料が100円なら、9900円を残りの人で分け合うことになります（もちろん胴元も集めた保険料を運用していますが、この低金利時代ですから期待はできないでしょう)。つまり、「不幸が起こらない限り損する」システムであることがおわかりでしょうか。たまたま交通事故に遭ったとか、たまたまガンになった人が儲かるだけです。

端的に言えば、資産があれば保険に入る必要はないと僕は考えます。「ガンになったら200万円もらえる」保険であっても、もし200万円を自分で用意できるのであれば、その保険の保険料分は貯金しておけばいいだけで、わざわざ保険料を払って保険に加入する必要はないのです。

ちなみに、「貯金」は不幸が起こった人にも起こらなかった人にも公平に配分されるシステムです。

資産があるなら保険に入るな

これはとても簡単な話です。保険は、「不幸が起こらない限り損」をする。つまり、万が一のときの資金を用意できない人だけ入ればいいのが保険です。

保険に入るのが悪いということでも、保険会社が悪いということではありません。合理的判断をしていないばかりに、必要のない保険に入っている人がいかに多いかということです。

僕が思うよい保険の使い方は、自分の資産でカバーできない部分だけを保障してもらうというものです。例えば20代前半で、貯金があまりないときにに子どもが生まれたとしましょう。そういう時に、「働き手であるお父さんが事故に遭ったら3000万円支払われる保険」は入ってもいいでしょう。なぜなら、貯金がなければ3000万円というお金は絶対に用意できませんから。

学資保険もそうです。これは毎月の積み立てのようなもので、子どもの大学入学といった満期になると、給付金として払い戻されるという側面もありますが、働き手である親に何かあった場合にも給付金が出ますので、資産がない家庭の場合には基本的にお得な保険かもしれません（「お得かも」であって、「お得」とは言っていませんよ）。

でも、資産が3000万円もある人が、死亡保障3000万円の保険に入ることほど無意味なことはありません。繰り返しますが、保険は「不幸が起こらない限り損」するシステムです。現金があるなら、保険会社の手に委ねず、保険料分はおとなしく貯金しておいたほうがよっぽどいい。貯金も保険も「運用してお金を増やして分配する」という意味においては同じですが、違うのは、貯金が平均して自分に戻ってくるのに比べて、保険は不幸な人に多く戻り、不幸が起こらない人には少なくしか戻ってこないということです。

こんな簡単なことを理解していないばかりに、資産があるのに必要のない保険にたくさん入っている人のなんと多いことか知れません。

実際、それなりに資産があるのに、保険会社の勧めるまま保険に入っているお年寄りの方はすごく多いと聞きます。たしかに、病気になったときの保障があれば安心ですが、今は高額医療費制度なども整備されているので、そこまで自分でカバーできないケースが多いわけではありません。

よくお昼にワイドショーのＣＭで、年配のタレントさんが「月々たった△△△円から入れる！」「僕でも入れた！」と言っていたりしますよね。かなり安い保険料をテロップで表示していますが、高齢者だったり、病気だったりすれば、保険料はそれなりの価格に跳ね上がります（注意書きが小さな字で書いてあったりします）。通算支払日数が（たった）１２０日とか書いてあったりしますので、数学のできる人はきっとニヤニヤ見ているでしょう。

「お得です」みたいに謳う宣伝文句も見受けられますが、病気にかかったことのある人や高齢の方にはそれなりの保険料になりますので、加入者が得をするわけがありません。保険料率は、もともと数学者がどのくらいの確率で保険料を払うことになるからというデータをもとに設計していますから、保険会社が損するようには絶対になっていないのです。

少しでも搾取される（笑）金額を減らしたいなら、支店をつくらないで人件費を減らしている某社などは、それだけ保険会社が取る分が少ないので、加入者への分配金額が多いと言えるでしょう。端的に言えば、胴元の取り分を減らす以外に、分配金を増やす方法はありません。

ちなみに僕自身は、所得控除される範囲内でしか保険に入っていません。保険に入ると、生命保険料控除により一定金額が所得額から引かれる（控除される）ので、所得税が安くなるのです。つまり、先ほど触れた節税の一手段ということですね。

もし僕が死んだら、家族は厚生年金の遺族年金と僕の資産で生活していけばいい、つまり自力でカバーできるので、ことさら保険に入る必要はないと考えています。何かあった時、3億円とか4億円とかが保障される保険なら加入する意味があると思いますが、その保険に対して月々いくら払うんだと考えるとぞっとします。合理的判断をするなら、加入する意味はないでしょう。保険料も相当なものでしょうから。

宝くじは「愚か者に課せられた税金」

保険会社は「胴元」ですが、胴元という言葉がもっとも当てはまるのが、ギャンブルでしょう。その中でも、宝くじほど割に合わないギャンブルはありません。

なぜかと言うと、前出の「期待値」が購入金額に対してたったの40~50%しかないからです（これは推測値ではなく公式に発表されているデータから算出できます）。宝くじの胴元は国や地方自治体ですが、胴元が宝くじの売上で1億円を集めた場合、もし期待値が45%なら、5500万円を胴元が取り、当せん金として当たった人に配分されるのはたったの4500万円。ちょっと納得できませんよね。

ギャンブルでは、期待値が高いほうが勝てる可能性も高いわけですが、40~50%というのはあまりに低すぎます。しかも、普通の宝くじはもちろん、「ロト」や「ナンバーズ」のような自分の意思で数字を選べるタイプのくじであっても、ほぼ自分の頭で当てることはできません。単なる偶然でしか当たらないのです。

宝くじは「愚か者に課せられた税金」と呼ばれています。期待値が低いにもかかわらず、合理的判断のできない人が当たると思って買い、それが胴元にとって莫大《ばくだい》な税収となっているからです。

実は、宝くじで1等を確実に当てるのはとても簡単なんですよ。全部のくじを買い占めればいいのです。

たとえば、２０１４年の年末ジャンボ宝くじを全部買うとどうなるでしょうか。この本の執筆時点では49ユニット（１ユニット１０００万枚／実際には増刷もあり）発行するそうなので、すべて買うと１４７０億円。総当せん金額は、これも計算すると７３４億９５１０万円。１等は確実に当たりますが、ほぼ半分の７３５億４９０万円も損してしまいます。

１４７０億円に現実感がないなら、「ナンバーズ３」はどうでしょうか。これは０００から９９９まで１０００通りある３桁《けた》の数字を当てるくじですが、１枚２００円で当せん金が約９００００円と言われていますから、２００円×１０００枚の20万円を投資して、９０００円のバック。11万円の損です。

ここで「大数《たいすう》の法則」の話をしましょう。「大数の法則」とは、「たくさん繰り返せば繰り返すほど理論上の確率にだんだん近づいていく」というものです。例えば、サイコロで１が出る確率は６分の１ですね。実際にサイコロを投げると、１が２回続けて出ることは珍しくないですし、３回続けて出てもいかさまだとは言われませんよね。でも、サイコロを６万回投げたら、１の目が出るのはだいたい１万回くらいにちゃんと留まります。これを「大数の法則」と言います。

宝くじでも、１０００億円はないにしても、たくさん繰り返せば繰り返すほど（＝たくさん買えば買うほど）、期待値はどんどん40〜50％に近づいてゆく、つまり、買えば買うほど損することが確実になっていくのです。一攫千金《いっかくせんきん》の可能性、つまり「ラッキーなことに儲かってしまう」からは、むしろ遠ざかっていくというわけです。

だから僕には、宝くじは「夢を買う」ものというよりは、「愚か者に課せられた税金」としか思えません。胴元以外に、本当の「勝ち」は得られないのですから。

期待値に逆らう競馬とパチンコ

かつて「ロト6」の当たり番号を教えます、という詐欺がありました。ロト6は抽選日翌日の朝刊に当たり番号が発表されるのですが、新聞しか読まない高齢者の方に、抽選日の夕方に情報を教える、というひどいものだったそうです。

……という話を聞くと、自分はそんな話に引っかからないと言われるでしょうが、雑誌やインターネットにたまに出ている、「ロト6の過去の出目表から傾向を分析する」といった記事も似たようなものです。

統計学的に分析すれば、統計学的に有意な（＝偶然でなく意味のある）出目の偏りなど絶対にありえません。統計学的に有意な差があるかないかは、賭け事の胴元が必ず検証しているはずでしょうし、有意な差があったとしたら、それは必ずどこかに原因（例えば不正など）があり、是正されているはずです。

こういったものに引っかかる人、聞き耳を立ててしまう人がいるというのは、いかに数学的・合理的判断力の欠けた人が世の中に多いかということの証拠でもあります。数学ができる人は絶対にこんなものを信用しません。

一方で、期待値に逆らって獲得できる可能性のあるギャンブルもあります。例えば競馬や競輪、パチンコ、ｔｏｔｏ（スポーツ振興くじ）などです。

競馬の期待値は75％くらいですが、もしあなたに、「パドックで馬の様子を見てその体調がわかる」といった能力が、競馬をやる人全体の平均よりものすごくあるなら、期待値は１００％を超えるので、勝てる可能性はあります。

この能力をパチンコに置き換えるなら「釘や台ごとの違いを読む力」、ｔｏｔｏなら「浦和レッズは鹿島アントラーズに相性がいい、といった知識」ですね。ですから、その分野を一生懸命勉強する覚悟があるのなら、やってもいいギャンブルとしてはギリギリの線でしょう。

ちなみにパチンコの期待値は高めで、だいたい80～90％くらいあるそうです。実はパチンコやパチスロは、専門誌などで台ごとにかなり詳細なデータ解析がなされており、台ごとの「期待値」を算出したりという数学的アプローチが盛んなギャンブルです。戦略的に打つことでひと財産築いた人もいるらしいので、その人には数学者の素質があるかもしれません。

また、パチンコの場合「大数の法則」が、宝くじや競馬以上に効いてきます。玉を打つごとにサイコロを振っているようなものなので、宝くじなら大量に買っても何百枚であるところ、パチンコの場合何万回も回しているわけですから、期待値が100%以上ある台を見つけることができたら勝てる可能性は大というわけです。

数学者は麻雀で負けない

麻雀はもっとも期待値の高いギャンブルです。なぜかと言えば、麻雀は完全に「ゼロサム」ですから、期待値が100%なのです。

「ゼロサム」を辞書的に説明すると、「複数の参加者が相互に影響を及ぼし合う状況下、参加者全員の損得の総和がゼロになる状態」です。麻雀は、雀荘などでやらない限り、場代を払うべき第三者も胴元もいないので、ゲームスタート時に4人全員が持っている点数を、ゲームによって再配分していくだけ、点数が「移動」するだけなのです。要は4人の損得の総和はゼロ。胴元などによる搾取が存在しないので、能力のある人が必ず勝てるゲームなのです。

麻雀は、何を捨ててどんな役を作るかという部分で実力が問われますが、配牌《はいぱい》（最初に手元に配られる牌）が何か、どんな牌を引けるかといった運の要素があるのも確か。ただ、その運にも大数の法則が適用されるので、半荘《ハンチャン》（1ゲーム）を1回だけやるなら能力の低い人でもバカづきで勝てるかもしれませんが、半荘を100回やるとなれば、4人の配牌の運はほとんど並びます。つまり能力のある人が100％勝てるゲームというわけです。

なので、数学をやってる人は麻雀が好きですし、僕の周囲を見回しても、すごくレベルの高い打ち手がゴロゴロしています。数学をやっていない人とやれば、ほぼ無敵という人も多いです。自分の配牌と場に捨てられた牌の種類や数を見て状況を確率的に分析し（もちろん、おおよその計算です）、確率が高い方向に打っていれば、だいたい負けません。

この「負けない」というのは、「トップは取れなくてもマイナスになることはない」という意味です。例えば、相手の捨て牌を見て、7割から8割くらいの確率でここの筋は当たらないだろうな、という読みをするわけです。

あっ、言い忘れました。麻雀では賭けてはいけませんよ。

お釣りはどうやってもらうのか

投資やギャンブルといった重たい話題が続いたので、ここからはもう少し軽めに、数学をやっている人が普段の生活のどんな場面で「合理的判断力」を活用しているかを見てみましょう。

皆さんは、買い物をしてお金を払うとき、どのようにしていますか？　例えば会計が777円だったとします。小銭の持ち合わせがあればぴったりの額を払うでしょうが、それがない状況のことを考えてみましょう。

まずここでのルールを頭に入れてください。と言っても、「777円より大きい金額を払わなければいけない」という当たり前のものですが。そのうえで、「1000円札1枚で払う」「1077円払う」「1万円札で払う」「10077円払う」など、たくさんの選択肢から、自分の財布の状況に合わせてもっとも合理的な払い方は何か――と、数学をやっている人間は常に考えるのです。

何が「合理的」なのかは目的によって変わってきます。もし目的が「どうやったら財布の中の小銭をもっとも少なくできるか」であれば、僕なら例えば1282円を出します。お釣りは505円。500円玉1枚と5円玉1枚の2枚。財布から出ていく小銭の枚数が多い（1

000円札+100円玉2枚+50円玉1枚+10円玉3枚+1円玉2枚）うえに、戻ってくる小銭が少ないからです。ただし、こういう出し方すると店員さんに「?·」という顔をされることも少なくありません。

もちろんこの通りの小銭がないこともありますので、そういうときは払い方も変わってきます。財布にある小銭の状況に応じた最適な払い方をする、という基本方針は変わりません。

忘れてはならないのは、「ルール」と「目的」をはっきりさせておくことです。「ルール」は「買い物するものの価格より大きい金額を払わなければいけない」ですが、目的も詰めて考えるべきです。なぜ財布の中の小銭を一番少なくしたいのかといえば、財布が軽くなれば財布が傷まないし、軽いので身につけたまま運動しても疲れない（まあ、そんなに重くはないですが）——といったような。

ただ、人によっては別の目的も当然あります。「のちのち瓶に入れて寄付したいから全部1円玉で欲しい」「自分が飲食店をやっていてお釣り用に小銭が欲しいから、1万円を崩したい」「コインロッカーを使いたいから、500円玉でなく100円玉で欲しい」「このあと飲み会で割り勘時に精算をスムーズにしたいから、できるだけたくさんの小銭がほしい」など。

ルールと目的をはっきりさせ、その中で最適の結論を出す。そんな合理的判断力を培うのに、「お釣り」について考えるのは格好のトレーニングチャンスというわけです。

「ルール」を知って長距離切符を賢く買う

例えば、名古屋にいる僕が、新幹線で1日目に新山口、2日目に徳島を出張で回り、3日目に名古屋に戻る必要があるとしましょう。普通に考えると切符は「名古屋→新山口」「新山口→徳島」「徳島→名古屋」と買います。

でも、僕だったらそうしません。「名古屋～新山口」と「岡山～徳島」を往復で買います。これで2000円くらい安くなるからです（**図②-6**）。

ここで大切なのは「ルール」を知ることです。ルールは二つ。

「片道の営業キロが601キロ以上あれば往復運賃が1割引きになる」
「営業キロが101キロ以上なら、日をまたいで途中下車が可能」

図❷-6

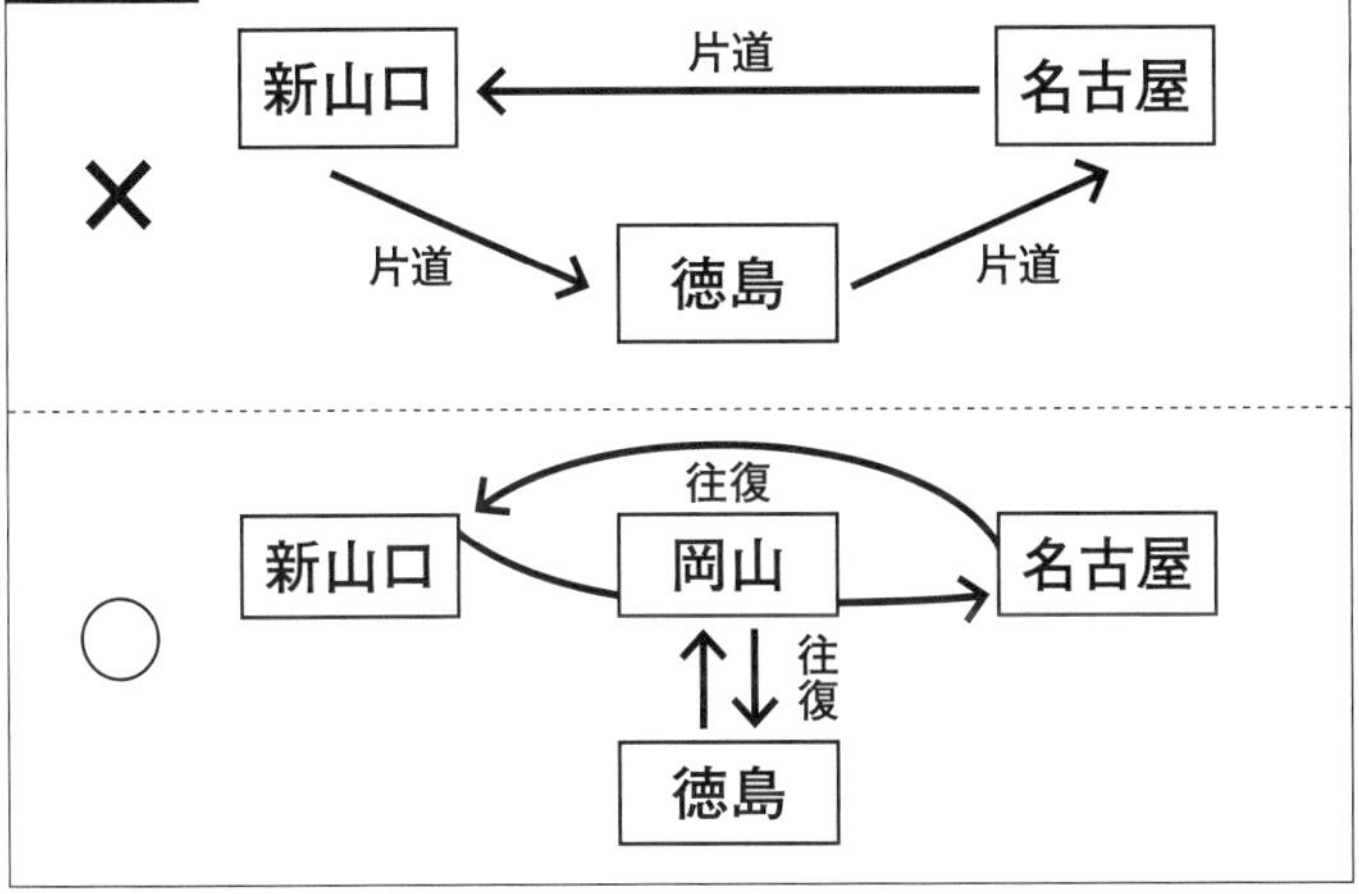

これはJRが定めている、知っている人は知っている「ルール」ですが、これを把握していてはじめて、合理的判断ができるのです。なお、名古屋~新山口間は601キロ以上離れています。

また、途中下車の有効日数は、営業キロ101キロメートル以上200キロメートル未満なら2日間、以降200キロメートルごとに1日ずつ有効日数が増えていきます。

ですから、1日目は名古屋から新山口に行く。2日目は新山口から名古屋までの切符を途中下車で使って岡山まで行き（実際に降りる必要はない）、岡山から徳島の切符で徳島へ行く。3日目は、徳島から岡山まで行き（これも岡山で実際に降りる必要はない）、2日目の切符の残りを利用して名古屋まで帰る。これが乗車券を

図②-7

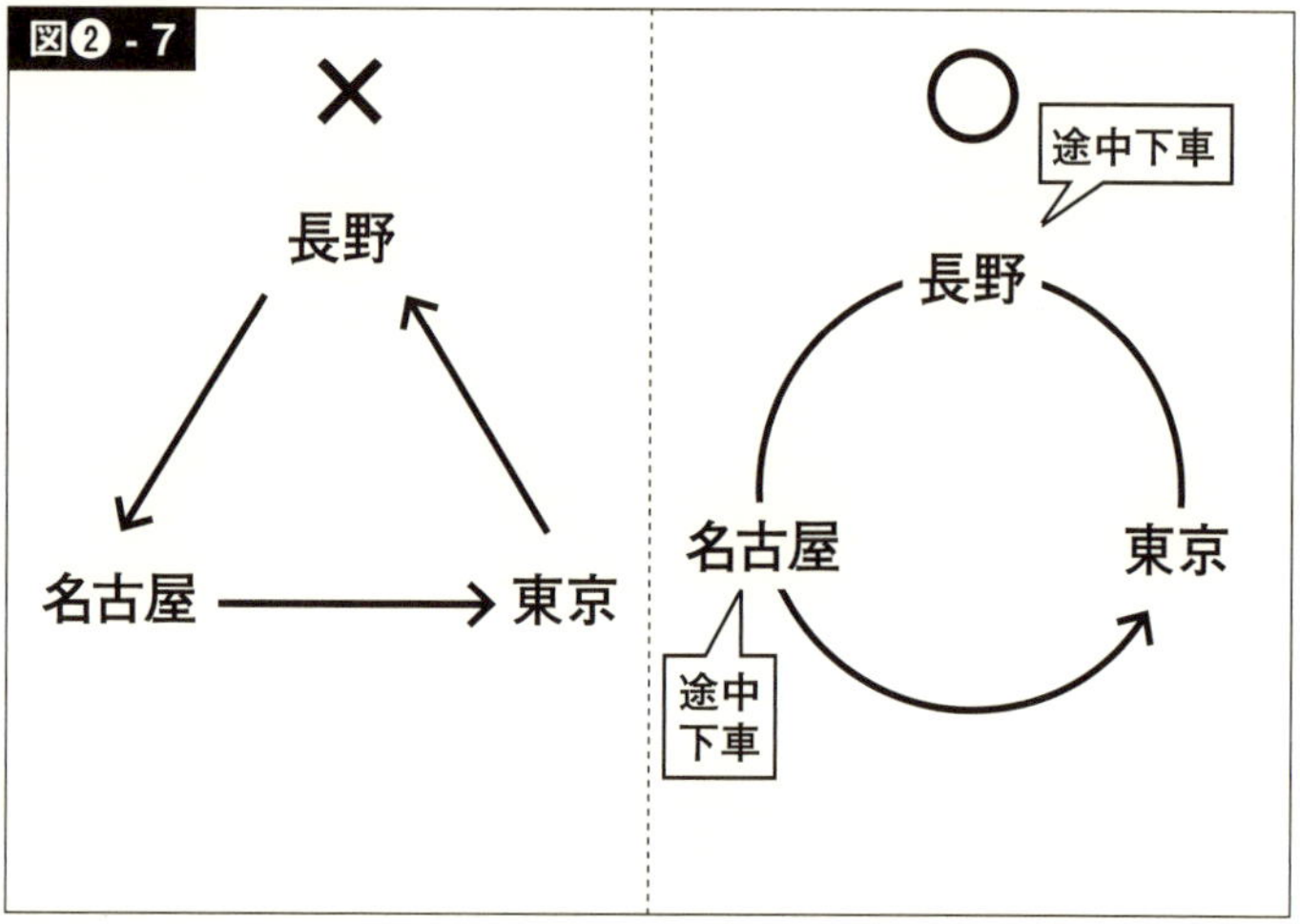

一番安くあげる方法です。

もう一例挙げましょう。東京に住んでいる人が、長野で仕事があって、その後、名古屋の支社で会議に出席して、東京に帰ってくるという場合です。

これも普通なら「東京→長野」「長野→名古屋」「名古屋→東京」というふうに切符を買うところですが、東京（東京都区内）から、長野と名古屋経由で東京（東京都区内）まで切符を買えばいいのです。

ＪＲの切符は距離が長くなれば長くなるほど、1キロ当たりの運賃が安くなりますから、3枚の切符を買うより、1枚の切符で日をまたいで途中下車を駆使したほうが安くなります（**図②-7**）。

切符の払い戻しは損?

もし会社から「東京↓長野」「長野↓名古屋」「名古屋↓東京」の切符を前もって支給された場合、払い戻して現金にしてから「東京（東京都区内）↓東京（東京都区内）」の切符を買おうとしていませんか？　東京駅のみどりの窓口にも払い戻しで並んでいる人をよく見かけますが、実はこれも損です。

例えば乗車券だと、払い戻し手数料が1枚につき220円かかるので、初乗り運賃140円の切符に「変更」したほうが得です。「東京↓長野」の切符を「東京↓有楽町」に変更すれば、初乗り運賃である140円を引いた差額が現金で返ってくるので、仮にその切符を使わないとしても、払い戻すときとくらべて80円の得です。わずかではありますが、払い戻しで並ぶのも変更で並ぶのも手間は同じですから、やらない手はありません。変更は1度しかできませんが、問題はないでしょう。

これは、「グリーン車の切符を普通車に替えて浮かせる」みたいなみみっちい話ではなく、「ルール」をちゃんと把握して合理的判断を下そうという話なのです。

新幹線つながりで、ここからは余談です。

僕は仕事で新幹線移動することが多いのですが、車両のどこから降りるかを決めています。例えば東京駅だったら、下りのエスカレーターは9号車と10号車の間にあるので、9号車に乗っているのに8号車側のドアから降りることはありません。もちろん、乗客が50人くらい10号車側のドアにいて、8号車側に一人しかいなかったら、8号車側から降りますが。

また、1号車や16号車に乗るときにドアが前後に二つある場合は、ホームの一番端っこ、1号車の一番前か16号車の一番後ろのドアから乗るようにすれば、反対側のドアから乗るよりも早く乗車できる可能性が大きいように思います。なぜなら、1号車や16号車の乗客は、降りるときにエスカレーターや階段の近い中央寄りのドアから降りる人が多いからです。特に1号車側で自由席の空席を狙いたいなら、実行しない手はないでしょう。もちろん、人の心理のことであり、うまくいかないときもあるのですが……。

とにかく数学をやっている人の思考回路は僕に限らずこんな感じです。無駄なことをしないためにはどうすればいいか、いつも考えていますし、それが楽しくてたまらないのです。

割引率を考えて商品券を正しく使う

「1000円券」とか「500円割引」といった、額面に金額が表示されている商品券や割引券のもっとも合理的な使い方は、「額面の金額以上で、できるだけ安いものを買う」ということです。例えば「1000円券」なら、1000円以上でできるだけ1000円に近いものを買う。そこに「3000円以上お買い上げで使用可能」いった縛りがあるなら、できるだけ3000円に近いものを買う。

なぜなら、買うものの金額が高ければ高いほど、値引率が下がってしまうからです。たとえば1000円の買い物で1000円券を使えば値引率は100%ですが、10万円の買い物で1000円券を使えば値引率は1%になってしまいます。

逆に、「1割引き」のように、割引比率が表示している割引券を使うなら、できるだけ高いものを買ったほうがいいと思います。「1割引き」だと、1000円のものを買っても100円しか安くなりませんが、100万円のものなら10万円も安くなります。

極端な話、人生で必要なものをもし一括で全部買えるなら、その割引券を使うべきです。それにより自分の人生で必要なお金が1割も減るのですから。

僕のいる塾業界の話で恐縮ですが、ある塾の春期講習で、「1講座でも受講したら5000円引き」というキャンペーンをやろうとしたことがあって、これに数学の講師陣が怒り出したそうです。「2講座取っても3講座取っても5000円しか引かないなら、生徒たちの合理的判断は『1講座しか受けないこと』である。これでは塾の売上に直結しないじゃないか」と。そうです。講座を取れば取るほど割引率が減っていってしまうことに、生徒（や親）が気づくに決まっていると。

塾側の狙いは、「できるだけ多くの講座を取ってもらうこと」ですから、正しいのは「1講座につき△△円割り引く」もしくは「1講座取ると10％引き、2講座取ると15％引き」といった価格設定です。これを企画したのはその塾の職員さんらしいのですが、数学ができない人ってそういうことを一切考えないんだなあと、これを聞いた当時に思ったものです。

ほかにも、住宅メーカーが、「ご成約した方に10万円分の商品券をプレゼント」などと謳っていることがあります。そこだけ聞くとすごく得するように思えますが、住宅などという何千万円かの買い物をしてたった10万円ですから、割引率としてはものすごく低いのです。2000万円の物件ならたった0・5％の割引き。その程度の金額は住宅メーカーにとっては端数でしかありません。これは、見せかけの「お得」です。

ディズニーランドとPTA——お金と時間

時間だけは、絶対に自分の思い通りにはなりません。だから、お金に余裕がある人はお金で時間を買う傾向があるように思います。僕も、人生で一番大切なのは時間だと思っています。

わかりやすい例が東京ディズニーランド。僕は並びたくないので行かないのですが、大好きで頻繁に行かれる方も多いですよね。東京ディズニーランドのアトラクション混雑は有名で、人気のものだと180分待ちとかもざらにあるそうです。

そういう時間を使いたくない人は、例えばディズニーランド内で申し込めるプラン「プレミアムツアー」というプランを使うそうです。1グループ2万1600円を追加で支払うと、最初からいくつかのアトラクションをファストパスの列から優先入場できるというもの。ファストパスは通常、入場後に発券機から発券してもらわなければなりませんし、入場時間も指定されていますから、このメリットは大きい。

限られた時間のなかでずっと列に並んでいるよりは、少しでも多くのアトラクションを楽しみたい。しかも待ち時間を極限まで減らして、快適に。ディズニーランドに行く「目的」さえ忘れなければ、このようにお金で時間を買うことにも、納得が行くのではないでしょうか。

タクシー移動もそうです。タクシーは一般的に高い、贅沢だと言われますが、それもケース・バイ・ケース。1000円は高いけど、それでどうしても確保したい時間が捻出できるなら、僕は乗ります。別にタクシーにどうしても乗りたいわけじゃない。時間をすごく大切にしているだけなのです。

もうひとつ。僕のある知り合いの方が小学校でＰＴＡをやっています。そこでは、２週間に1回、地域で空き缶の収集をして、集めた空き缶を売ってＰＴＡの活動費に充てているそうです。ところが、ある日、その方を含む親御さんたちが8人集まって2時間作業したら、売上はたったの１２００円でした。僕はそれを聞いたとき、「なんて無駄な……」と感じました。そんなことしないで、親御さんに一人１５０円ずつ出してもらったほうがよいだろう。そうすれば、誰も働かなくて済みますし、あるいはその2時間を別のバイトかなにかにでも費やせば、８人全員で１２００円以上は楽に稼げます。というか、ＰＴＡをやられてない方も含めて、すべての方に公平に負担をお願いしたら、一人当たりの負担額は１５０円よりもっと下がるはずです。

という話をその方にしたのですが、それだとＰＴＡの皆（負担をお願いされた人）が文句を言うからと言われました。数学をやっている身としては、何とも納得が行きません。「じゃああなたが１２００円全部払ったら」と言うと、それでは感じ悪いからダメだと。

もちろん、空き缶収集には別の意義もありますが、その２時間の作業が、その方を含む親御さんたちの貴重な時間を奪っている事実は無視できません。仕事を持っている方なら労働時間を、家事をされている方なら家事の時間が奪われています。家族と過ごす時間もそうですし、実際パートを休んで来ている人もいるそうです（まさに、本末転倒）。つまりマクロかつ経済的な観点のみで考えると、空き缶収集という活動が社会全体に対してプラスに働いているとは言えないのです。

「時間をお金で買う」のは、語感の印象が悪いかもしれません。でもこれこそが、何を大事にしているかを冷静に考えたうえでの合理的判断の結果であり、むしろお金（に換算されるもの）の価値を最大限大事にした行動ではないでしょうか。

ただし、一応ＰＴＡの名誉のために言っておきますが、彼女たちは活動費を捻出するだけのために空き缶収集をしているわけではありません。子どもたちに空き缶拾いしている姿を見せるという教育的側面や、校区を綺麗《きれい》にする奉仕活動の側面もまた、紛れもないひとつの「価値」です。ここではモデルを単純化するため、あえて除外して考えています。

車は持つべきではない？

交通の便がある程度発達した都市に住んでいて、通勤などで毎日使うことがないなら、そして経済性だけを考えるなら、車は持つ必要がないのではと考えます。

ごく一般的な普通車を買っても、だいたい諸経費込みで200万円以上します。それで仮に6年間乗ると考えて72ヵ月で割ると月3万円近く払っていることになります。ここに税金とか、車検代とか、ガソリン代がかかります。車検は2年に1回ですから、月で割ったら5000円くらい。マンション住まいなら駐車場代はかかるし、都心に出かけて行ってコインパーキングにでも入ったら、その都度お金がかかります。そうなると、結局1ヵ月の維持費が、下手したら5万円以上かかってしまうのではないでしょうか。

月に5万円分タクシーに乗ることを考えたら、それは結構なことですよね。つまり現代の都市において自分で車を持つのは、金を食うという側面の方が大きいように思います。お金のことだけを考えるなら、車を持たないでレンタカーとタクシーを併用するに越したことはない。遠出するならレンタカー、普段の移動はタクシーでというのもひとつの合理的判断でしょう。

もちろん「カッコいい車に乗っている」というステータスのために乗るという目的なら、車を買うのも合理的判断です。また、日々小さな子どもを乗せて回るとか、ちょっとそこまで行きたいときに、いちいちタクシー会社に電話して待っている時間がもったいないとか、外出先でなかなかタクシーがつかまらない可能性があるという不安が嫌だ、という場合も、車を所有するのは合理的判断だと思います。

まあ、車に興味もなく、週末しか車を使わないような人は、まったくもって車を持つ理由がないと思いますよ。

飛行機が飛ぶかどうかを推論せよ

現状をちゃんと把握して、理解して、その上で考察して、判断していくのが合理的判断力です。数字がまったく絡んでいなくても、例えば以下のようなケースは数学的な思考だと言えるでしょう。

２０１４年の夏の話です。７月７日に沖縄で公開授業というイベントがありました。予定では７月８日午前11時に那覇《なは》空港発の飛行機で愛知の中部国際空港に飛び、翌９日の夕方に岡山市で別の公開授業のはずだったのですが、台風が接近していて、どうも８日の日中は、どの飛行機も飛びそうにないという状況でした。

そこで僕は、とりあえず８日午前11時発の中部国際空港行きのチケットを、８日午前７時発の福岡空港行きに変更しました。これがもっとも早く那覇空港を出発する飛行機。台風は８日の昼に最接近らしいので、台風接近直前だから一番飛ぶ可能性があるという読みです。

ところが、7日に那覇市内のホテルにチェックインした時点で、8日に那覇空港を飛び立つ飛行機の全便欠航が決まりました。そこで、なんとか9日の仕事に間に合うようにと、9日の朝一便である午前8時発の関西空港行きに予約をとり直しましたが（福岡行きは台風の進路なので欠航の恐れがありました）、それが飛ぶかどうかも怪しい状況。こういうときは臨時便が出ることも多いと聞きつけ、まめにANAとJALのホームページをチェック。すると、案の定、7日23時15分発の羽田空港行き臨時便が出るとの発表がありました。

とりあえず早速予約（早く押さえておかないと、なくなってしまいます）。しかし、23時15分発では、沖縄での仕事の関係上、那覇空港に到着できるかどうか微妙、また行き先が羽田空港であることから（岡山が遠い）、その飛行機に乗るか9日に朝一便で帰るか考えて、僕は次のように考察したのです。

航空会社は、那覇空港から臨時便を出すために他の空港からわざわざ空便（客の乗っていない便）を出して飛行機を那覇空港に移動させるなんてことは、非効率すぎるゆえに、きっとしないだろう。ということは、航空会社は、那覇空港にやってきたその日の最終便を7日の臨時便として飛ばすはずであろう。そして、これは航空会社にとっても、飛行機を那覇空港においておきたくないというインセンティブがあるはず。なぜなら、飛行機を那覇に駐機しておけば、台風の被害を受ける可能性があるし、動けない飛行機があると機材のやり繰りが厳しくなるので。しかし8日が全便欠航ということは、この最終便は本来9日の朝一便になったはずの機体。それが臨時便で出ていくということは、9日の朝一便になる機体がないので、欠航せざるを得ないのでは？

この読みはドンピシャでした。結果として、実際の経緯はわかりませんが、9日の朝一便はどの空港行きも欠航。次便以降も満席でした。

余談ですが、7日23時15分発の臨時便は、予約段階では満席でしたが、那覇空港に行くと、けっこう空席がありました。とりあえず、臨時便はおさえておいたけれど（台風時はキャンセル料がかかりませんのでそれも合理的判断です）、やはり那覇に泊まることに決めてしまった人が多かったのではないでしょうか。

数学の論理の積み重ねは100％正しいことだけを積み重ねます。このような推測混じり（推測だらけ?）のこの推論は、本当の数学とは違いますが、本質の部分は同じです。日常生活においても、ほぼ8割から9割くらいの確率で正しいことを積み重ねて推論します。それによって最適の結果を導き出すという方法論は、数学とまったく一致しています。

ボジョレー・ヌーヴォーを買うのは賢くない

僕はワインが好きで結構飲みます。外でも家でもよく飲みます。ワインと言ったら、ブルゴーニュ地方のボジョレー・ヌーヴォーというワインを思い浮かべる人も多いと思いますが、ブルゴーニュ・ラヴァー（BOURGOGNE LOVER）の僕にとって、ボジョレー・ヌーヴォーを飲むほどバカバカしいことはありません。

普通のボジョレー・ヌーヴォーは、フランスの現地価格で1ボトル300円から400円くらいの経済的なデイリーワインだそうです。ところが、解禁日直後に日本で買うと、下手をすると3000円くらいで売っています。最近だと、有名な生産者が作るボジョレー・ヴィラージュ・ヌーボー（ボジョレー・ヌーヴォーより格上のワイン）が1本10000円とかします。狂気じみているとしか思えません（笑）。

なぜこんなに高いのかというと、ボジョレー・ヌーヴォーは11月第3木曜の解禁日に合わせて航空便で運んでくるので、1本1000円といったものすごい輸送代が上乗せされているからです。そこに農家さんの取り分や、瓶詰めする業者の取り分や、フランス国内での輸送費やら、小売りのマージンなどいろいろなものを入れたら、多分それだけで3000円のうち2500円から2600円くらいを占めるのでしょう。3000円だったら、ほかにもっとおいしいワインを僕はたくさん知っています。

だから僕はボジョレー・ヌーヴォーを絶対に飲みません。ついでに言うと、ボジョレー・ヌーヴォーはガメイというブドウ品種で、ブルゴーニュで一般的な赤ワインの品種であるピノ・ノワールではありませんから、嗜好《しこう》的にも合わないです（ワインは人それぞれ好みがあるので、どれがおいしいとは一概に言えませんが）。

しかもボジョレー・ヌーヴォーは12月になると船便が入ってくるので、1000円以下で買えるときがあります。それだったらギリギリ買うかな、といった程度です。でも、700円以上は出したくないですね、うん。

日本におけるボジョレー・ヌーヴォー人気は、1980年代後半のバブル期に端を発していますが、こんなに馬鹿騒ぎしているのは日本だけです。


もうひとつ、よく知られたブルゴーニュのワインにロマネ・コンティというものがあります。こちらはドメーヌ・ド・ラ・ロマネコンティ（D.R.C.）社が作る超高級ワインで、現在だと1本100万円以下では見つけるのが難しいワインです。ちなみに、僕がよく利用するエノテカさんでは、2010年のロマネ・コンティが一本280万円。飲みごろは、20年くらい先と言われているので2030年くらいからです。とにかくとんでもないワインです。

なぜこんなに高いかというと、生産量が少ないからです。畑がすごく狭いうえ、ぶどうを穫《と》るときにものすごく選定していて、ちょっとでも質の悪いぶどうは絶対に収穫しません。年間に多くて7000本くらいしか生産されないのです。だから、日本でも超富裕層しか買えないわけです。

田島みるくさんが書かれた『やさしくわかるワイン入門』(PHP研究所)によると、ボジョレー・ヌーヴォーとロマネ・コンティは日本人が値をつりあげたワインとして「おバカさんのワイン」と陰で言われているそうです。

僕個人の考えですが、ワインと値段が比例するのは2万円くらいまで。それ以上の値段のワインは、味というより需要と供給のバランス、希少価値で決まるもので、値段のわりに得るものはわずかだと思っています。

というわけで、ボジョレー・ヌーヴォーとロマネ・コンティをこんなふうに飲むのは、非合理的判断の結果だ、と言わざるを得ないのです。

「お前がロマネ・コンティを飲んだことないだけで、それはただのひがみだろう」って?

ちゃんと聞こえましたよ(笑)。

原発は作るべきか――情報を鵜呑みにしない

ワインでもなんでもそうですが、数学をやっている人は、基本的に世間の情報を鵜呑《うの》みにはしません。例えば居酒屋の壁に、よく「本日のおすすめ」なんてものが貼ってありますが、あれも本当においしいからすすめているのか、残り物を今日中に在庫処分したいのか、可能性としては二つあるわけです。

数学をやっている人は、物事を常に疑ってかかり、どちらに転んだらどうなるかという状況のもとで考えるような思考回路を持っています。聞いた内容を１００％信じるようなことはしません。

例えば、東日本大震災ではたくさんのデマがTwitterなどのＳＮＳで流れました。これも、発信された情報を１００％信じてしまったがために起こることです。

原発に関するオピニオンに関しても、「１００％安全」とか「政府が安全だと言っているのはすべて嘘《うそ》だ」とか、両極端なものがよくネットを賑《にぎ》わしますよね。僕は１００％安全だとも、すべてが嘘だとも思いません（ちなみに、僕は推進派でも反対派でもありません）。

この手の問題は、「事故は絶対に起こらない！　だから作ってよい」とか「事故は絶対に起こる！　だから作ってはいけない」ではないような気がします。事故のリスクは絶対にある、そのリスクを前提にして、原発を引き受けるか引き受けないかを判断する問題であると思います。

例えば、０・０００１％の確率で事故が起こるとする。その場合、そこに住めなくなる可能性がある。でも、そのリスクを背負ってでも、その分の恩恵を受けて生活するのか否かという事実認識の問題です。もちろん、周辺自治体の問題など、いろいろ複雑な話でしょうから単純な話ではないと思います。

投資の項でも触れましたが、「10％利回り」の金融商品を買うかどうかは、「10％分のリスクがある」ことを引き受けられるかどうかで判断すべきもの。この商品を「絶対儲かる」「絶対損する」とはどちらも言い切れないように、原発も「絶対に事故が起こらないようにできるならば（そんなことは絶対にできません）、作るべき」などという議論は無意味な話なのです。

安全性については、期待値も重要です。

例えば、地震が起こったときの津波に備えて１０００億円かけて防潮堤を作っても、想定を上回る地震が起こったら、その防潮堤は役に立たないかもしれません。じゃあ、１０００

兆円かけて、防潮堤を作ればいいか（国民一人当たり１０００万円ほどの負担です）ということになると、一地方の防潮堤にそれだけのお金をかけることは期待値的に割が合わない。だから、結局、費用対効果のほどほどあるものを作る。そして、そのリスクを受け入れて、万が一のときも人命だけは失うことのない対策（避難訓練など）をするということが大事なのではと思います。１００％安全だから（そんなことは絶対にあり得ないです）、避難訓練もしなくていいんだという考え方のほうがよっぽどリスキーではないでしょうか。

このように、世論が割れている難しい問題を整理するのも、合理的思考が持つ役割のひとつなのです。

第3章

論理的思考力を身につけろ！

必要条件とは「消去法」である

日常生活のなかで合理的判断力が大きな武器になるのがわかったところで、この章ではもう少しだけ、「数学っぽい」話をしていきましょう。

皆さんは「必要条件」「十分条件」もしくは「必要十分条件」という言葉を聞いたことがあるでしょうか。数学の証明問題などで出てくる概念ですが、ニュースや新聞でもわりと頻繁に使われますので、なんとなく、おぼろげなイメージとしては理解している方が多いかもしれません。しかし、この用語が正確に使えている人は、実はマスコミやプロの書き手さんも含めて意外に少ないというのが、僕の実感です。

「必要条件」「十分条件」というのは、物事の本質を整理し、論理的に捉え、必要な解答を得るうえで、理解しておかなくてはならない概念なのです。「世界のありようを正確に把握するのに、必要不可欠なツール」と呼んでも過言ではないでしょう。

「必要条件」と「十分条件」では、必要条件のほうが日常的な登場頻度が高いので、先に必要条件のほうから説明します。まず、数学の教科書には、こう書いてあります（ウンザリする人もいるかもしれませんが、ちょっとだけ我慢してください）（**図③-1**）。

図③-1

QならばPが成り立つとき、PはQであるための必要条件である。

　これは、主語Ｐに向かってくる矢印が真（正しい）ということなのですが、だいたいこれを見てわけがわからないで終わり、という方も多いと思います。だから、一つ例を挙げましょう。
　例えば、Ｑ「日本人全体の中でキムタクを見つけなさい」という問題を考えます。日本中を歩きまわって探してもいいですし、（ランダムに書かれている）電話帳みたいな名簿から探してもいいですが、日本の人口約１億３０００万人の中からたった一人の人間を見つけるのはとても難しいですよね。
　そこで、探し出すための必要条件を考えます。ここではＰ「ＳＭＡＰのメンバーであること」としましょう。ただ、ＳＭＡＰのメンバーは５人。キムタク以外にメンバーはほかに４人いるので、ＳＭＡＰだからといってキムタクとは限らないのです。これを図示すると、こうなります（**図③-2**）。
　ＳＭＡＰのメンバーだからといってキムタクとは限りませんが（左から右の矢印は偽、つまり正しくない）、キムタクであればＳＭＡＰのメンバーです（右から左の矢印は真（正しい））。だから、この場合、「Ｐ（Ｓ

図③-2

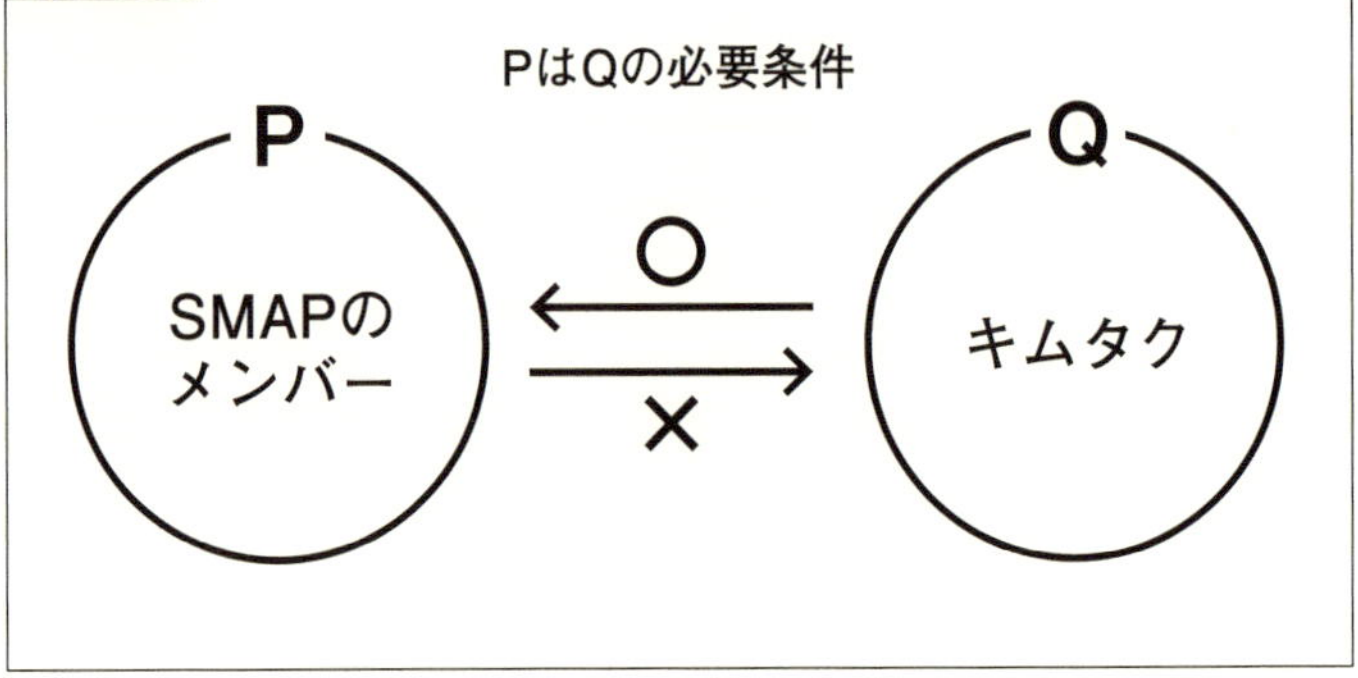

ＭＡＰのメンバーであること）はＱ（キムタクであること）の必要条件」です。

「だから何？」という声が聞こえてきそうですね。大事なのはここから先です。これが意味しているのは、「日本人全体という集合の中で、集合Ｑ（キムタク）は集合Ｐ（ＳＭＡＰのメンバー）に含まれる」ということです（**図③-3**）。

これは、数学的には「消去法」を意味しています。

この図を見ると、ＳＭＡＰ（集合Ｐ）の外側部分をいくら探しても、絶対にキムタクを見つけることはできないですよね。そうなんです。Ｐの外側にはキムタクはいないのです。ですから、そこを探す必要はない。探してもムダということです。つまり選択肢から消去してよいことになります。

このようにして、Ｑを求めよという問題が与えられたときに、必要条件であるＰを設定することは、１億３０

図③-3

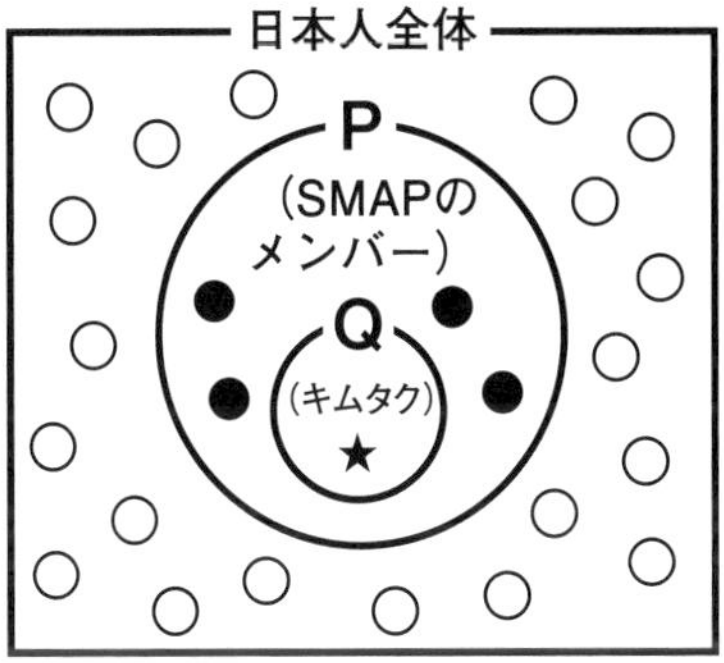

00万個の日本人全体という選択肢があったときに、Pの外側である1億2999万9995個の選択肢を消したということを意味しています。だから、あとは5個の選択肢の中からキムタクを見つければ、おしまいです（これを数学では、十分性の確認と言います）。「1億2999万9995個の選択肢が消えた（そして、5個の選択肢だけが残った）」、だから、これを消去法と呼ぶのです。

また、これは「対偶」という概念を使って説明することもできます。

一般に命題「PならばQ」に対し、PとQを入れ替え、さらに否定した命題「QでないならばPでない」を対偶といいます。そして、元の命題が真（正しい）のとき、その対偶も真であることが知られています（図③-4）。

これを先ほどの例で置き換えてみると、

「P（SMAPのメンバーであること）」は

図③-4

「P ⟶ Q」が真のとき

対偶「Qでない ⟶ Pでない」も真

図③-5

「キムタク ⟶ SMAPのメンバーである」が真

なので

「SMAPのメンバーでない ⟶ キムタクでない」も真

「Q（キムタク）」の必要条件

とは

「QならばP」

が真であることです。対偶も真ですから

「PでないならばQでない」

も真、つまり、

「SMAPのメンバーでないならばキムタクでない」

も真となるわけです（**図③-5**）。

これは、SMAPのメンバーでなければキムタクでないことが保証されていることを意味しますから、SMAPのメンバー以外（Pの外側）は選択肢の中から消してよいわけです。まさに消去法です。

必要条件を設定する（＝SMAPという集合を設定する）というのは、答えではないもの、消去すべきところ（1億2999万9995個のいらない選択肢）を見つける作業であって、答えを見つける作業ではないわけです。数学とは、問題を解く、正解を見つけるものだと思われがちですが、必要条件に関しては、そうではないのです。

余談ですが、SMAPの木村拓哉さんは自分のことをキムタクと呼ばれるのが、あまり好きでないそうです。ある番組でご一緒したときに、スタッフさんから「キムタクさんじゃなくて木村さんと言ってくださいね」と言われたことがあります。

「結婚するなら年収1000万円以上」の意味

必要条件の設定、すなわち「消去すべきところを見つける作業」の、もう少し極端な例を挙げましょう。

「結婚するなら年収1000万円以上の男性がいい」というようなことを言っている女性がいますよね。個人的には少々腹立たしいですが（笑）、これは紛れもなく必要条件です。

なぜならこの女性は「結婚するなら年収1000万円以上の男性がいいけれど、年収1000万以上の男性だったら誰でも結婚したいと言っているわけではない」はずだからです。

例えば、アンガールズの田中さんだったら（多分、余裕で1000万以上稼いでいらっしゃ

図❸-6

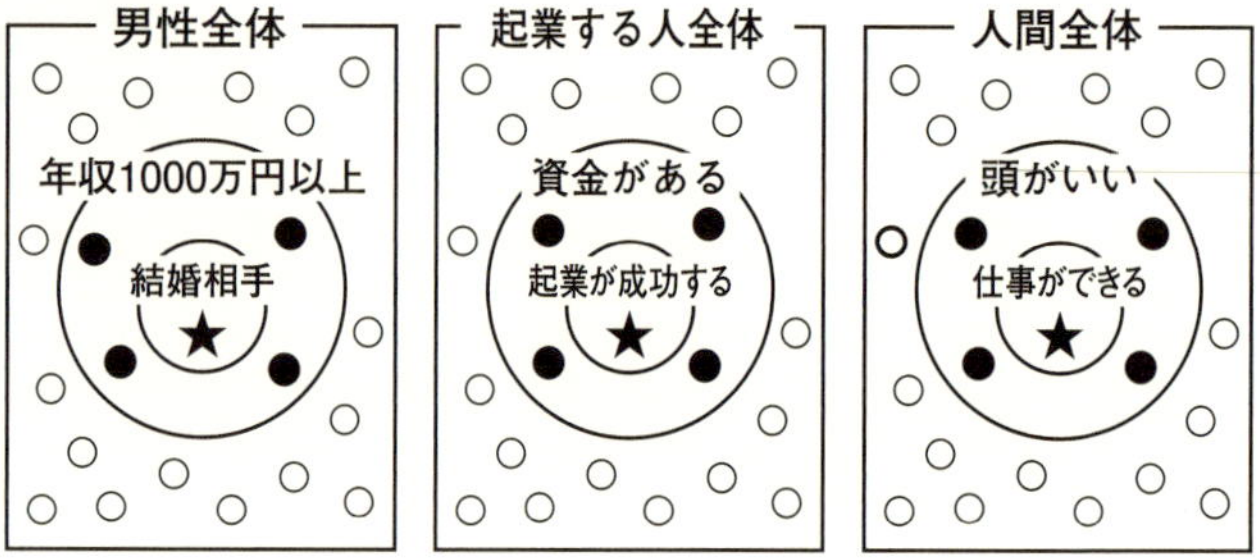

ると思います）、「きもいっ！」と言って結婚相手にはしないでしょう（田中さん、すみません。もちろん、冗談です）。

つまり彼女は、男性全体のなかから、年収が999万9999円以下の人という選択肢を消去して、残っている選択肢だけを相手にしているのです。結婚相手を特定しているわけではありません。1000万円以上だったら誰でもいいわけではないのです。

「身長170センチ以上」「偏差値65以上」という条件も同じで、それぞれ「170センチ未満は相手にしない」「偏差値65未満は相手にしない」という宣言にすぎないのです。自分が結婚相手の対象にしていない人を明確にしているだけで、答えを見つける作業ではありません。

よく「結婚相手の条件は△△」という言い方を目にしますが、正確を期すなら「結婚相手の必要条件は△△」と言い換えるべきでしょう（そこまで細かい女性は逆に嫌われそうですが)。

実は、この手の話はたくさんあります。起業や新規事業を成功させるために「資金が必要」というのも同じ。資金は起業や新規事業を成功させるための「必要条件」ですが、資金があれば必ずしも成功するわけではありません。ビジネスセンスのない人は、いくら資金があっても失敗しますよね。単に「資金がない人は話になりません」と、資金のない人を消去しているだけです。

「頭がいい人は仕事ができる」というのもそうです。「頭がいい」というのは「仕事ができる」ことの必要条件ですが、頭がいいからといって、仕事ができるとは限りません。ただ、頭がよくない人は仕事ができません。話にならないということです(**図③-6**)。

「十分条件」は「他がどうあがこうが成り立つ」こと

では次に、十分条件について説明します。数学の教科書には必要条件と逆の向きの矢印が真(主語Pから出ている矢印が真)だと書いてありますが、これもよくわからないですね(**図③-7**)。

感覚としては、「Pが成り立つとき、〝他がどうあがこうが〟Qが成り立つ場合に、PはQの十分条件と呼ぶ」という感じです。

例えば、プロ野球のペナントレースを考えましょう。P「すべての試合に勝つこと」は、Q「ペナントレースで優勝する」ための十分条件です。すべての試合に勝てば、他のチームが他の試合で勝とうが負けようが、何勝何敗だろうが、何点取ろうが、まったく関係ありません。それが「他がどうあがこうが」の意味です（**図③-8**）。

また、混乱しやすいのですが、Q（優勝する）は、P（全勝する）の必要条件でもあります（主語がQです）。主語を逆にすると、必要条件と十分条件が入れ替わります（**図③-9**）。

ちなみに、Q（優勝）ならばP（全勝）は成り立っていません。当たり前ですが、全勝でなくても優勝はできます。実際のプロ野球のペナントレースでも全勝で優勝なんて起こったことはありませんよね（2014年は、巨人が82勝61敗1分け、ソフトバンクは78勝60敗6分けで優勝しています）。

なお、先ほどのSMAPとキムタクの例で言うなら、キムタク（Q）は、SMAPのメンバーであること（P）の十分条件です（**図③-10**）。

図③-7

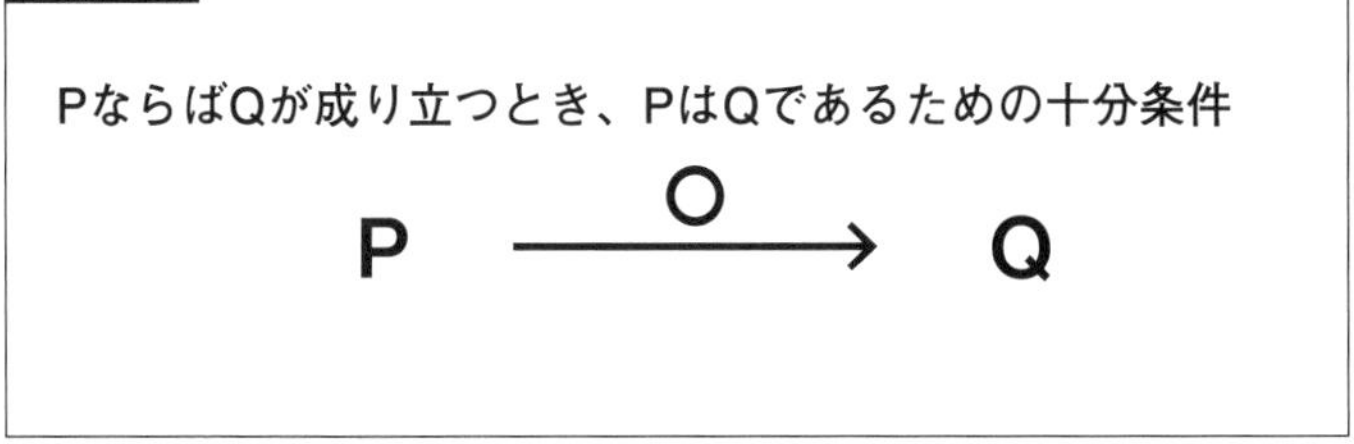

図③-8

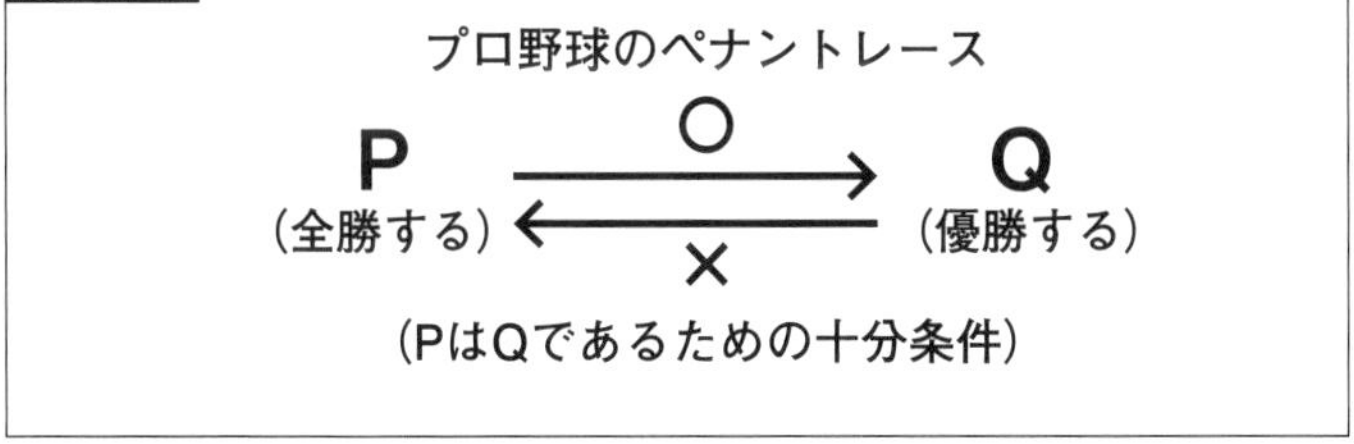

図③-9

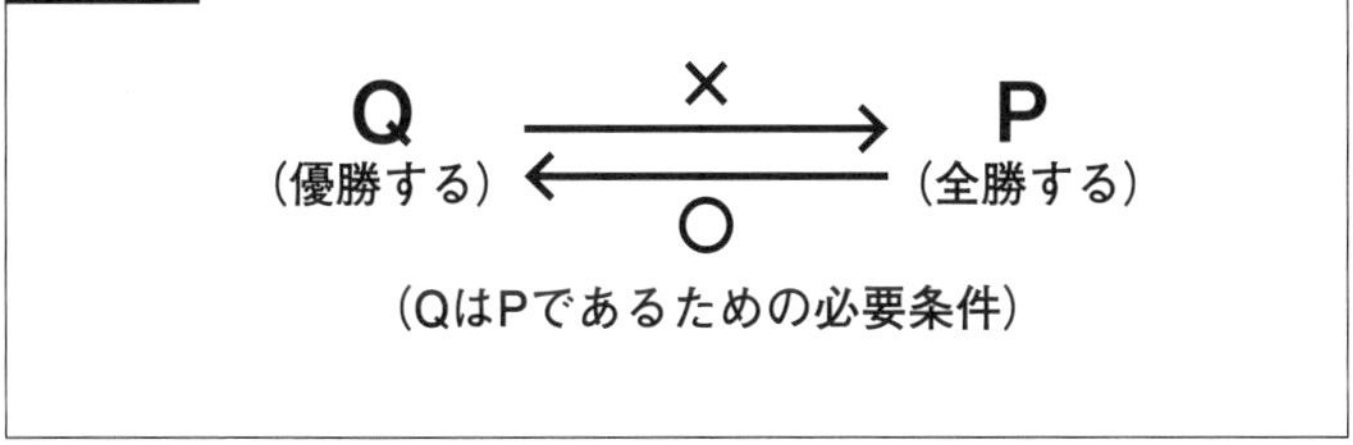

図③-10

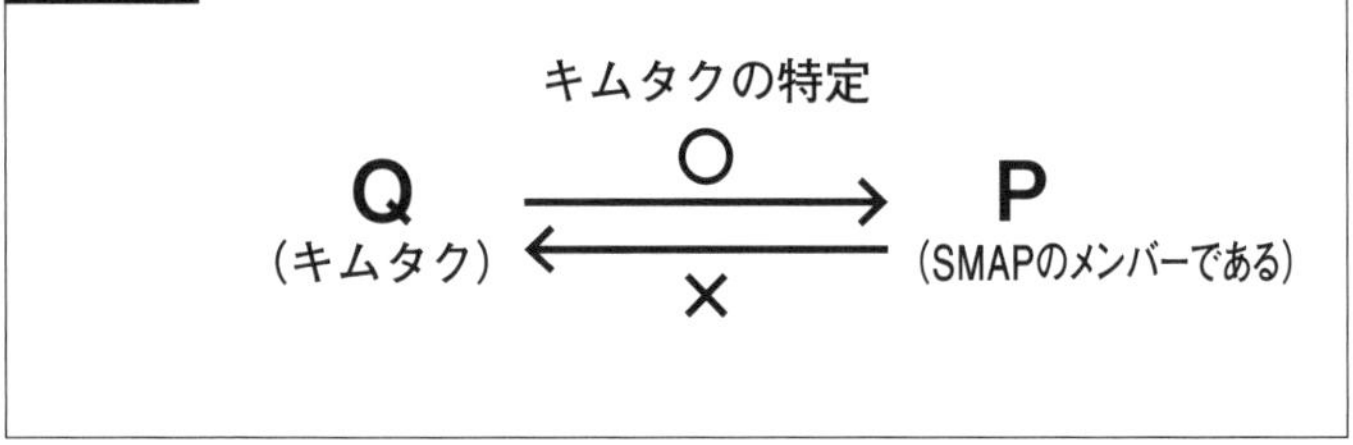

図③-11

P「10000円を渡す」 ―〇→ Q「子供がゲームソフトを買える」

買い物とダイエット

あなたが親で、子どもがニンテンドー3DSのゲームソフトを買いたいとします。しかし、ソフトの値段は正確にわからず、だいたい数千円であることだけはわかっています。そのとき、あなたは子どもに10000円札を渡して、「これで買っておいで」と言っていませんか？　実はこの「10000円札を渡す」という行為は「子どもがゲームソフトを買える」ための十分条件です（**図③-11**）。

10000円あればソフトは確実に買える、もしかしたら6000円でも足りるかもしれない。ただ、親としては「これくらいからこれくらいの値段の幅で買えるだろう」というのを想定して、それが買えるだけの十分なお金を渡しますよね。つまり、我々が買い物でどれくらい所持金が必要なのかを考えるのは、十分条件の発想なのです。

もうひとつ、十分条件の例を挙げましょう。ダイエットです。

ダイエットの仕組みはとてもシンプルです。「消費カロリーが摂取カロリーより大きい」ことが「ダイエットできる」ための十分条件です。これなら原理上、絶対に痩せます。十分条件というのは「他がどうであれ」無条件で決まることなので、これが成り立っていれば無条件で痩せられる。

にもかかわらず、なかなかこれが実行できない人が多いみたいですね。ですから、怪しげなダイエットの方法論が次々と流行《はや》るわけです。特定の食品を摂取すれば食事は普通にしてよいとか、運動はまったくしなくても痩せるとか、数え切れないほどの〝魔法のダイエット法〟が流行っては廃《すた》れ、世の女性たちは一喜一憂している。

でも、こんなダイエットが流行るのは、ダイエットするための十分条件を考えていないからではないでしょうか。極端な物言いですが、「消費カロリーが摂取カロリーより大きい」という十分条件をちゃんと実行することができれば、他にダイエットの方法など考える必要はないわけです。

W杯で日本代表が決勝トーナメントに進むには

必要条件と十分条件が絡み合う数学的に面白いケースとしては、ＦＩＦＡワールドカップでサッカー日本代表が決勝トーナメントに進むための条件というものがあります。

2014年のサッカーのワールドカップの予選リーグのグループCで、第2戦が終わった時点での勝敗表を見てみてください（**図③-12**）。

サッカーを知らない方に説明すると、ワールドカップの予選リーグというのは、4チームが総当たり戦（リーグ戦）をして、勝ち点の多い順に上位2チームが決勝トーナメントに進めるというルールです。なお、勝ち点は、「勝利3、引き分け1、負け0」と設定されています。

ただし、勝ち点が並ぶこともあります。例えば、ある2チームがいずれも「2勝1敗」となった場合は、勝ち点が6で並んでしまいます。そのときは、得失点差で順位が決まります。つまり、同じ勝敗数なら、たくさん点差をつけて相手を負かし、あまり点差をつけられないで相手に負けたチームが、決勝トーナメントに進めるわけです（得失点差も並んだ場合はさらに細かく規定があるのですが、ここでは省略します）。

これを踏まえたうえで、それぞれのチームの残り1試合（★）がどうなれば、決勝トーナメントに進めるのか、考えてみましょう。

まず、この時点でコロンビアは2位以上が確定しています。なぜなら、このあとコロンビアは、仮に負けたとしても勝ち点は6のまま。一方、日本とギリシャは残り1試合を勝った

図③-12

対戦相手＼国	日本	コロンビア	ギリシャ	コートジボワール	勝ち点
日本		★	0 △ 0	1 ● 2	1
コロンビア	★		3 ○ 0	2 ○ 1	6
ギリシャ	0 △ 0	0 ● 3		★	1
コートジボワール	2 ○ 1	1 ● 2	★		3

○：勝ち　●：負け　△：引き分け　★：残りの1試合

としても勝ち点は4。この2チームはコロンビアの勝ち点に到達できないので、コロンビアが3位以下になることはありえないと結論づけられるのです。

つまり、あと1チームの決勝進出枠をコートジボワール、日本、ギリシャの3チームで取り合うという状況が理解できたでしょうか。

では1チームずつ見ていきましょう。

コートジボワールは、ギリシャに勝てば勝ち点が6になるので、「他がどうあがこうが」決勝トーナメントに進めます。つまり「コートジボワールがギリシャに勝つこと」は「コートジボワールが決勝トーナメントに進める」ための十分条件です。

コートジボワールがギリシャに引き分けた場合は、勝ち点は4になりますが、ほかの試

図③-13

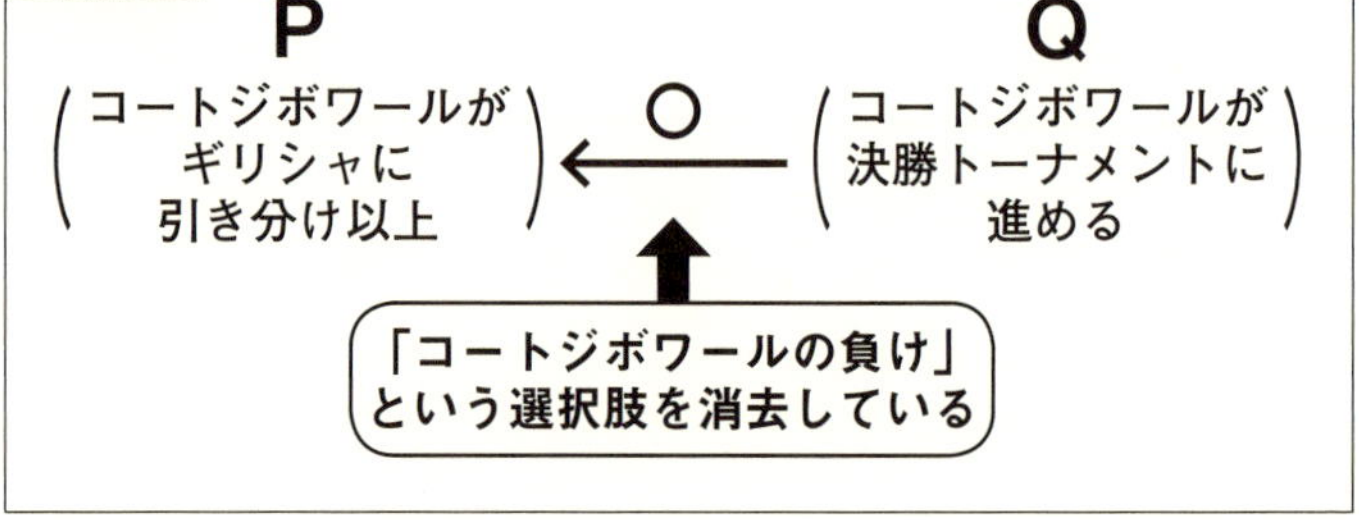
P
コートジボワールが
ギリシャに
引き分け以上
○
Q
コートジボワールが
決勝トーナメントに
進める
「コートジボワールの負け」
という選択肢を消去している

合状況によっては、例えば日本がコロンビアに大勝して勝ち点4になった場合、得失点差で劣れば決勝トーナメントに進めません。つまり、「ギリシャに引き分けること」は十分条件ではありません。また、負けた場合は、ギリシャが勝ち点4になるので（コートジボワールは3のまま）、コートジボワールは予選リーグ敗退が決定です。これは、「コートジボワールがギリシャに引き分け以上であること」は「コートジボワールが決勝トーナメントに進める」ための必要条件であることを意味します（図③-13）。

では日本はというと、コロンビアに勝つと勝ち点は4になりますが、この状態での「勝ち点4」は、ほかの試合状況によっては決勝トーナメントに進めません（例えば、コートジボワールがギリシャに勝った場合）。そして、日本はコロンビアに負けまたは引き分けの場合、勝ち点は1または2ですから、コートジボワールに勝ち点が及びませんので予選リーグで敗退です。

つまり、「日本がコロンビアに勝つ」ことが「日本が決勝トーナメントに進める」ための必要条件です。

ギリシャも日本と同じ状況です。「ギリシャがコートジボワールに勝つ」ことは「ギリシャが決勝トーナメントに進める」ための必要条件です。

ちなみに、日本とギリシャに、決勝トーナメントに進むための自力での十分条件はありません。どんな勝ち方をしたからといって、必ず決勝トーナメントに行ける保証はないのです。また、勝つことは必要条件ですから、これは消去法を意味します。つまり、引き分けと負けでは話になりません(決勝トーナメントに進めません)。結婚相手の例に当てはめるなら、「年収1000万円以下の男」として、相手にもされないのです。

どうですか。ちょっと複雑で、頭が痛かった方も多かったと思いますが、これが数学的に考えるということです。数学ができる人は、こういう計算をいつもしているんですよ。正確には、〝楽しんで〟こういう計算をしているんですけどね。

世の中の物事を証明する方法

僕と同じ東進ハイスクールの林修先生は現代文を教えられています。例えば、Q「林先生

図③-14

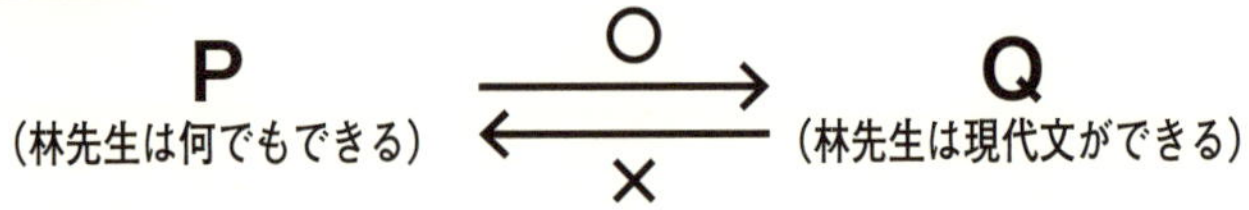
P
（林先生は何でもできる）
○
×
Q
（林先生は現代文ができる）

は現代文ができることを証明せよ」という問題があったとしましょう。これをどうやって解くか考えたとき、Qであるための十分条件を証明するという方法があります。P「林先生は何でもできる」はQであるための十分条件です。実際、PならばQは真（正しい）ですよね（図③-14）。

そして、P「林先生は何でもできる」を証明すれば、Qが証明できたことになります。PならばQは真ですから、Pが正しいことを証明すれば、Qが正しいことも証明できたことになるわけです。

ただし現実の世界もそうですが、往々にしてこのような十分条件であるPは正しくありません。「なんでもできる」というのは無理がありますよね。林先生は（多分、いや絶対）100メートルを10秒では走れませんし、サッカーのレアルマドリードのメンバーになって点を取れるかと言ったら、（多分）取れません。つまり、Q（林先生は現代文ができる）は正しい（に決まっている）ので、証明できるはずなのですが、その十分条件であるP（林先生は何でもできる）は正しくないから、証明できるはずがないのです。

図③-15

P_1（林先生は主要5科目なら何でもできる）　——○——→　Q（林先生は現代文ができる）

　これは数学の問題に限ったことではありません。例えば、A「あの企業は今後急成長する」、B「あの政治家は信用できる」など、世の中には信じたいこと、証明して自分で納得したいこと、他人を説得したいことがたくさんあります。このときに、それらの十分条件である「すべての企業は急成長する」「すべての政治家は信用できる」ことを証明すれば、証明したことになりますが、これらは、AやBが仮に正しかったとしても絶対に証明できないのです。

　先ほどの問題に戻ります。Q（林先生は現代文ができる）を証明したいのですが、その十分条件であるP（林先生は何でもできる）は証明できません。そのようなときは、別の十分条件を考えます。例えば、P_1「主要5教科ならなんでもできる」だったらどうでしょう。これも一つの十分条件です（**図③-15**）。

　そして、P_1は正しい（実は、林先生は他の科目もできます）ので、P_1ならばQが真であることから、Qも正しい。すなわち、P_1は正しいので林先生は現代文ができることが証明されたことになります。

僕は、十分条件のことを「ひとつのアイデア」と呼んでいます。「林先生は何でもできる」のように証明できないアイデアをいくら証明しようと思っても、正しくないから不可能なわけです。その場合は「林先生は主要5科目なら何でもできる」のように、証明できる別のアイデアを思いつけばいいわけです。

ある物事の真偽を見極めるのに、論理的思考は大きな役に立つのです。論理的思考を駆使した数学の問題「n、n＋2、n＋4がすべて素数ならば、n＝3の証明」を巻末190ページに紹介しましたので、興味のある方は読んでみてください。

ここで大事なのは、必要条件と十分条件の意味上の違いがちゃんとわかっていないと、指示や主張を正確に汲《く》み取れないということです。実は、数学の大切なことの半分くらいは、問題文の意味を理解することなのです。

同じように現実社会でも、何が問題になっているかを正確に把握すれば、無駄なく適切に解決ができるはずですし、余計な誤解や揉《も》め事も減るでしょう。

論理を正しく理解しないから炎上する

必要条件と十分条件については、世の中の人がかなり誤解しています。

先ほど「仕事ができる」ことの必要条件は「頭がいい」ことだと述べましたが、こういうことを公で発言すると、大抵「頭が良くたって、仕事ができない人もいるじゃないか」といった反論が来ます。

皆さんはおわかりでしょうが、これは完全に論理を正しく理解できていない人の物言いですよね。だって僕は、「頭のよくない人は仕事ができない」(「仕事ができる」ならば「頭がいい」の対偶です)と言っているだけで、「頭のいい人は仕事ができる」とは一言も言っていないからです。

また、「結婚するなら年収1000万円以上の男性がいい」という女性の必要条件の発言を受けた男性が、「俺は年収1000万円以上あるのに、なんで結婚してくれないんだ!」と言ってストーカーになるケース。これも、男性が正しく論理を理解していないから起こる悲劇です(笑)。自分が必要条件しか満たしていないのに、十分条件まで満たしていると思い込んでいるわけです。

「努力は必ず報われる」という言い方も誤解を招きやすい表現です。これは、「〝努力〟は〝報われる〟ための必要条件」ということです。つまり、努力したからといって必ず報われるわけではない。「努力しない人は絶対に報われない」という消去法の意味なんです。にもかかわらず、感情的に「努力は必ず報われるなんて嘘だ!　世の中には努力していても報われな

図③-16

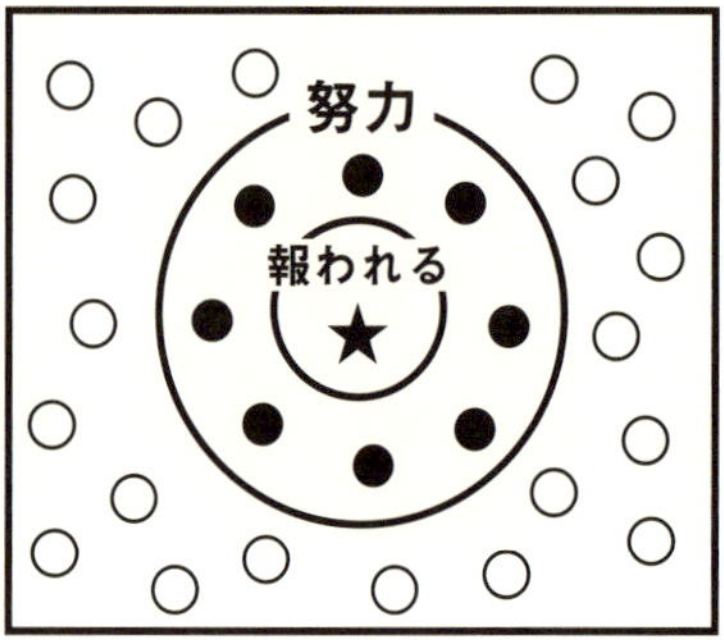

い人もいる！」と、ブログのコメント欄が荒れまくります。あーぁ……（**図③-16**）。

皆が必要条件と十分条件をちゃんと理解していれば、争い事もストーカーも減るのではないでしょうか。これは冗談ではなく。

ちなみに、「絶対条件」という言葉を使っている報道機関もありますが、数学的には厳密さを欠く言葉です。あるスポーツ紙は、先ほどのワールドカップの予選リーグの記事で、「日本が決勝進出するための絶対条件は……」と書いていました。必要条件もしくは必要十分条件のつもりで書いていたのでしょうが、いずれにしろ、不明瞭な表現です。

また、「結婚相手に求める絶対条件は年収△△△円以上」という言い方も見かけますが、これも本来は必要条件と言うべきでしょう。「絶対に必要な条件」のニュアンスだと推測しますが、それにしても誤解を招く言い方ですね。

「逆もまた真なり」は嘘

先ほど、「対偶」という話をしましたが、数学には「逆」という概念もあります。「PならばQ」の逆は、矢印を逆にした「QならばP」と定義されます。注意してほしいのは、「PならばQ」が正しいということと、「QならばP」が正しいということは、まったく関係がないということです。

「仕事ができるならば頭がいい」の逆は「頭がいいならば仕事ができる」ですが、これは先ほど説明した通り、成り立ちません。「報われる人ならば努力している人」の逆は「努力している人ならば報われる人」ですが——これも成り立ちません。だから「逆もまた真なり」とは、必要十分条件であるときのみ成り立つ言い方なのです。

にもかかわらず、世の中には、「PならばQ」が正しいなら「QならばP」も正しいと勘違いしている、つまり「逆もまた真なり」を信じている人が多いのです。これが揉め事や誤解、炎上の火種になることはご承知のとおりでしょう。

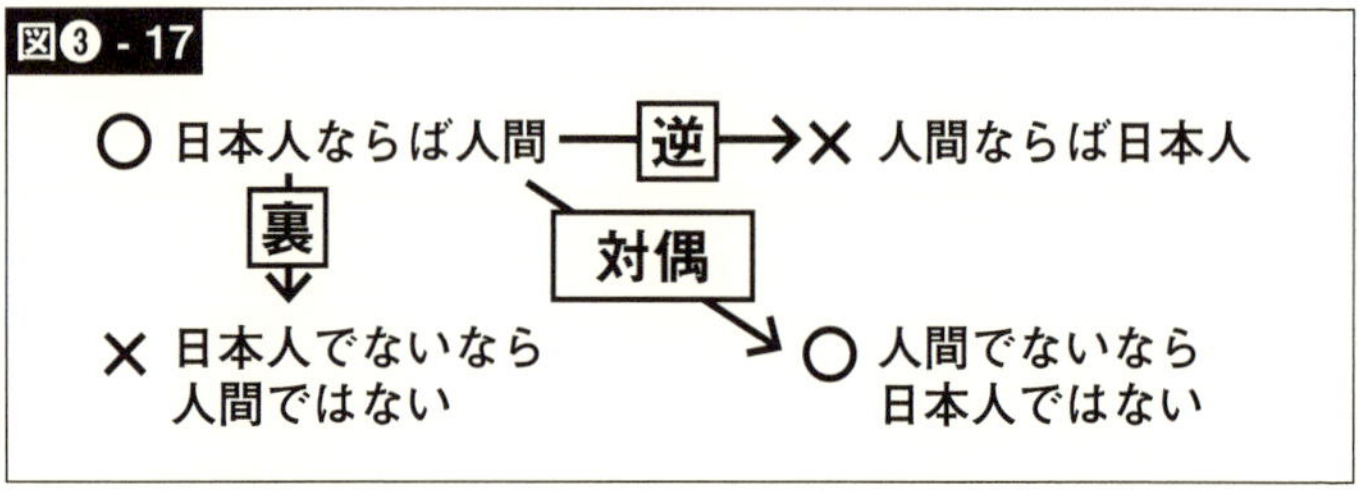

さらに、数学には「逆」「対偶」のほかに、「裏」という概念もあります。

「PならばQ」の裏は「PでないならQでない」と定義されます。そして「PならばQ」が正しくても、裏が正しいとは限りません。「日本人ならば人間である」が正しくても、「日本人でないなら人間でない」は正しくありません。例えば、「日本人ではないアメリカ人も人間」ですから（**図③-17**）。

ちなみに、少し難しいのですが、逆と裏はお互いに対偶の関係（逆の対偶が裏、裏の対偶が逆）にあります。ですから、逆が正しいときは裏も正しく、裏が正しいときは逆も正しくなります。

元の命題と逆、対偶、裏。これらの何が正しくて何が正しくないのかを理解していれば、世の中のさまざまな事象に対する理解が深まり、コミュニケーション齟齬《そご》もなくなります。ですが、元の命題が正しければ逆や裏も正しいと思い込んでいる人が多いからこそ、諍《いさか》いやトラブルが起きる。そんな気がしてなりません。

数学は国語、国語は数学

ここまでお読みになって、数学の話なのに数式はほとんど出てこない、代わりに理屈の話ばかりしているなあとお感じの方もいらっしゃると思います。たしかに、その通りです。数学なのに、現代文のように言葉の意味を正確かつ厳密に定義して操る。変な言い方ですが、数学の本質とは現代文なのです。言葉、論理というものをとても大切にしている学問なのです。

そして逆に、現代文とは数学でもあるようです。国語、特に現代文は答えがいくつもあると思われていないでしょうか。僕もそう思っていました。しかし、現代文を教えられている林修先生によれば、現代文も答えがひとつしかないそうです。

なぜかというと、現代文の優秀な問題作成者は、ある文章、例えば評論文などの一部を切り取って問題文にする際、切り取った範囲内に書かれていることだけを対象にして論理的に考えれば、答えは絶対にこれしかない——というふうに作るらしいのです。そうしてできているのが東大の問題だと、林先生はおっしゃっていました。

そして、「論理的に詰めていくと、答えはこれしかない」という思考プロセスは、実は数学とまったく一緒です。必要な道具が違うだけなのです。どちらも、論理的思考によって必ず答えを導き出せるということは、共通しています。

林先生は「理系でものすごくできる生徒は評論問題も絶対にできる」とおっしゃっていましたが、とても納得がいきます。

無駄な説明を省け

2014年9月、サッカーアジア大会のU-21（21歳以下）日本代表の試合を報じる中日新聞の記事で、こんなくだりがありました。

最終戦で、日本がネパールを下し、クウェートがイラクに勝つと、3チームが2勝1敗で並ぶ。この場合、当該の3チームの対戦成績は1勝1敗のため、3チーム間の直接対決の得失点差で決勝トーナメントに進む2チームを決める。日本は、クウェート、イラクとの2試合を終え、得失点差がプラス1。一方、日本戦での得失点差はクウェートがマイナス3、イラクがプラス2のため、第3戦で直接対戦する両チーム（クウェートとイラク）がともに日本のプラス1を上回る可能性はない（**図③-18**）。（2014年9月18日　中日新聞／傍線とカッコ内記述は筆者による）

この説明、数学的なムダがあることがおわかりでしょうか。傍線部分の情報は不要なのです。

まず、得失点差は必ず「ゼロサム（合計が０になる）」です。つまり、得失点差の合計は、この式で表されるように必ず０になるのです。

６＋１＋２＋（－９）＝０
（例えば、上の４チームでの得失点差の合計は０）

日本がネパールに勝ち、クウェートがイラクに勝つと日本、イラク、クウェートの３チームが２勝１敗で並びます。この３チームの間では、日本の得失点差は＋１です。そして、イラクの得失点差をａ、クウェートの得失点差をｂと置くと、ゼロサムですから、

１＋ａ＋ｂ＝０　…①

これより、ａ、ｂのうち少なくとも一方は０以下になります（その証明は巻末の１９１ページに譲りましょう。３つの和が０なので、ａ、ｂのうち少なくとも一方はマイナスだろう

図❸ - 18

対戦相手 / 国	イラク	日本	クウェート	ネパール	勝ち点	得点	失点	得失点差
イラク		3○1	★	4○0	6	7	1	6
日本	1●3		4○1	★	3	5	4	1
クウェート	★	1●4		5○0	3	6	4	2
ネパール	0●4	★	0●5		0	0	9	-9

○：勝ち　●：負け　★：残りの1試合

という感覚をもった方、その通りです）。つまり、イラクとクウェートのどちらかは必ず、得失点差が0以下になる、中日新聞の表現で言うところの「両チームがともに日本のプラス1を上回る可能性はない」ということです。

ちなみに、この状況を数学的に言うなら、「日本が決勝トーナメントに進めるための十分条件は、日本がネパールに勝つこと」。なぜなら、日本はネパールに勝ちさえすれば、「他がどうあがこうが」、日本は勝ち点で2位以内、または勝ち点で並んだときも得失点差において2位以内である（＝決勝トーナメントに進める）ということが、先ほどの証明でわかったからです。

なお、中日新聞の記事が間違っているわけ

ではありません。ただ、書かなくてもいい情報で読者が混乱します。傍線部分は結論に対して意味のない情報なのに、何か意味があると思わせてしまうのです。

世の中には、特にネットなどには、結論や主張を伝えるために不必要な情報が山のようにあふれています。そこに惑わされてはいけません。数学をやっている人は、結論を得るための最低限のシンプルな条件は何かということを考えます。

例えば、入試問題でも、答えを出すために不必要な仮定があることは、問題作成者としてこの上もなく恥ずかしいのです。ですから、難関大学の入試においてそういうような問題が出題されることは、まずありえません。もし、問題文にある仮定で使ってないものがあるのに、問題が解けてしまったとしたら、(出題者のミスという可能性もほんのわずかにはありますが) 恐らくその解答は間違っていると思います。

平和と四暗刻の確率

麻雀《マージャン》の役、つまり14枚の牌をうまく集めて揃《そろ》える形で非常にポピュラー、かつ揃えやすいものに「平和《ピンフ》」というものがあります。麻雀用語を知らない人にとってはちんぷんかんぷんでしょうが、一応説明すると、「面子《メンツ》がすべて順子《シュンツ》、雀頭が役牌ではない、待ちが両面待ち《リャンメン》」である役のことです。

いっぽう、かなり揃えにくい役として、「四暗刻《スーアンコウ》」というものがあります。これは「暗刻《アンコ》（ツモった牌だけで同じ牌を3枚集めた1組）を4つ作ったもの」です。細かい説明は省いて、2つの役を載せますが、一見して「四暗刻」のほうが揃えにくそうな役だなということはわかりますよね。

ゆえに、「四暗刻」を上がると、「役満」といって麻雀における最高の得点を獲得することができます（**図③-19**）。

数学的に考えても、平和より四暗刻のほうが揃えにくいということは、証明できるのですが、ある麻雀マンガを読んでいたら、なんと「平和と四暗刻、どちらも上がる確率は同じ」と書いてありました。説明を読むと、「麻雀は『上がる』か『上がらない』かの二択しかないので、上がれる確率はどちらも2分の1である。だから、同じ」という主旨でした。完全に間違っています。

平和、四暗刻で上がれる確率が同じであるためには、数学的な言い方をすると「同様に確からしい」必要があります。「同様に確からしい」とは、「二つ以上の事象が同じ確率で起こりうる」という意味。英語で言うと、「equally possible」です。

図③-19

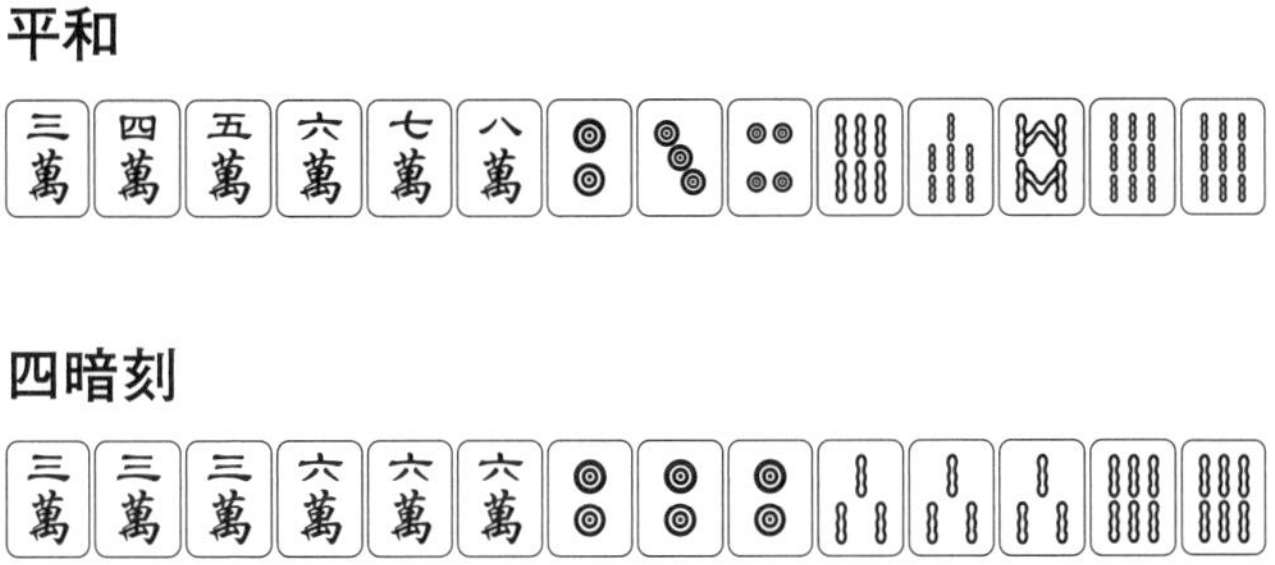

ここで、こんなサイコロの展開図を考えてみましょう。次のページを見てください（図③-20）。

直感的に、1が一番出やすく、その次に2、そして3がいちばん出にくいとわかりますね。1が出る確率は6分の3、2が出る確率は6分の2、3が出る確率は6分の1ですから。このサイコロを見て「1がでる確率も2が出る確率も3が出る確率も3分の1だ」というのは間違いですよね。

平和と四暗刻の「上がれる確率」も、このようなサイコロみたいなものです（図③-21）。

明らかに平和は上がりやすく、四暗刻は上がりにくい。つまり「同様に確からしい」わけではありません。先ほどの麻雀マンガは、選択肢が二つあることと、それぞれの確率が2分の1であることを混同しているのです。

図❸-20

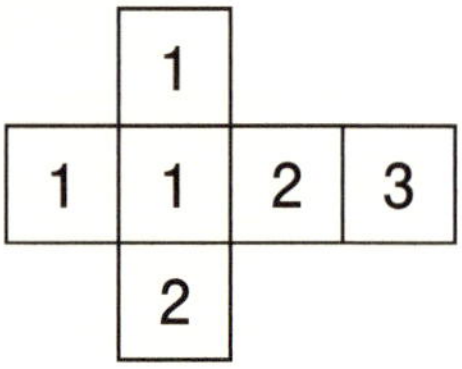

図❸-21

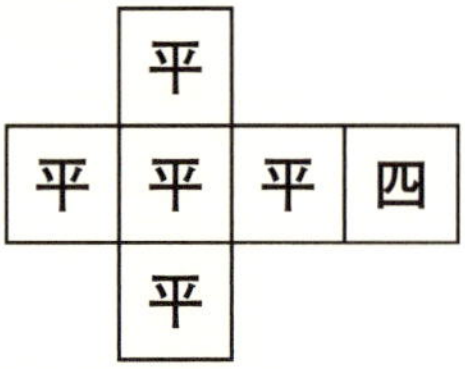

平：平和　四：四暗刻

大学に受かるか、落ちるかが2択だとしても、実力が足りなければ「落ちる」確率のほうがずっと高いことを考えれば、おわかりでしょう。

明日の天気が「晴れ」「曇り」「雨」になる確率がそれぞれ3分の1である、というのも同じように間違っていますし、花びらを1枚ずつちぎっていって、「あの子は自分のことを好き、嫌い、好き、嫌い……」というのも同じ。もし自分がぜんぜん魅力のない醜男だったら、10枚中9枚くらいは「嫌い」に設定しておかないと正しくありませんよね。

このロジックを意図的に使うと、話者が自分に都合よく相手を言いくるめることができます。これは完全に詭弁《きべん》なので注意してください。もちろん、数学ができる人はこんな詐欺には絶対に騙されません。

第4章

数学的な考え方で世界の仕組みがわかる

「場合分け」ですべての状況を想定する

これまで、「合理的判断力」と「論理的思考力」によって、物事を正しく筋道立てて考える方法を紹介してきました。この章ではさらに高度な数学的なものの見方によって、世界の仕組みを見通す術についてお話しましょう。

まず手始めに「場合分け」の重要性から。場合分けとは一言でいうと、「すべての状況を想定しておく」ということです。

例えば大学受験について次の問題を考えてみましょう。

加藤君は、大学受験をして、明治大学に合格しました。しかし、現時点では京都大学の合否がまだ出ていません。では、加藤君の4月からの生活はどのようになるでしょう?

普通、偏差値のことだけを考えたら、加藤君は京大に行きます(もちろん明治もいい大学です)。ただし、本気でラグビーをやりたいとか、箱根駅伝に出たいとか、何が何でも東京に住みたいのであれば、判断が変わり、明治を選ぶでしょう。

このように、世の中にある不確定要素(この場合、京都大学の合否)が浮上したとき、どう判断するかによって、起こり得る結果が分岐点からどんどん分かれていきます。そんなとき、闇雲に直感や印象で判断するのではなく、適切に場合分けしていかないと、適切な処理

図④-1

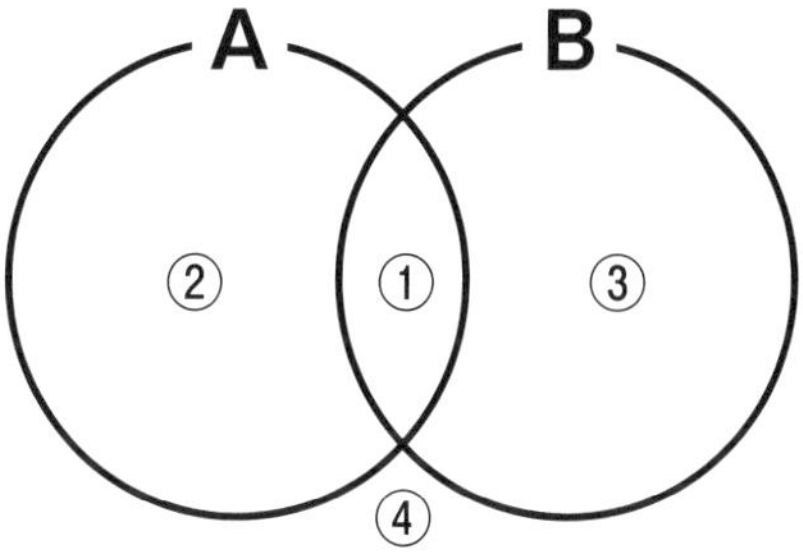

ができません。

場合分けすることによって、不確定な状況下に置いても全体を把握することができますが、あらゆる状況を完全に網羅する必要があります。漏れがあってはなりません。なので、図のような考え方をします（**図④-1**）。

Aが明治合格、Bが京大合格とすると、①〜④の4つの場合分けをしておけば、すべての状況を想定できることになります。①なら京大に行こう、③でも京大に行こう、②なら明治に行こう、④なら浪人しよう——というように。

世の中はここまでシンプルな場合分けでは済まないので、実際にはもっと複雑になります。AやBのほかにも、CやDやEや……と次々に出てくることもあります。大切なのはすべてを「網羅」することです。場合分けに漏れさえなければ、どんな状況になっても慌てることはありません。

交通事故に遭ったら……

場合分けで対応すべきことは、世の中にたくさんあります。例えば会社でのプレゼンやディベートを想像してみてください。自分の提案なり主張なりに対して、反対意見があった場合にどう返すか。質問やツッコミがあったときになんと言うか。そういうものをある程度あらかじめ予測しておく。質疑応答をシミュレーションしておくことは大事です。僕はいつもやっていますし、それをやっておけば、かなり安心してことに挑めます。

交通事故に遭ったら、大抵の人は焦りますよね。でも、そのときも、起こりうるすべての場合を場合分けで考えておくと少しは安心できると思いますよ。例えば、停車中の車にぶつけてしまったとしましょう。このとき、まずどんな車かということによる場合分けが発生します。普通の車だったら、まず警察と保険会社に連絡して、さらにその持ち主に連絡して、話し合います。

でも黒塗りの怖そうな車だったら、どうしますか？　ちょっとビビりますよね。警察と保険会社に連絡するところまでは同じ。そして、僕なら絶対、当事者間での解決という選択肢はとりません。もし相手がヤクザみたいな人だと推測できるなら、保険会社に電話して間に入ってもらい、自分は直接絡まないのが得策です。

その後も、相手からどういう内容の要求が来るか、さまざまに場合分けされます。こう言われたらこうしよう、こう言われたらこの金額までは払おう、車を買い替えろと言われたら拒否しよう、家にまで押しかけて来られたら引っ越そう――。最後のやつはかなり極端ですが。

とにかく、車の持ち主がどんな人かによって、自分のその後の運命が変わってきます。持ち主が確定しても、相手がどんな対応をするかによって、こちらの対応も変わります。だから、前もって想定しておく必要があるのです。行動を起こす前、それがポイントです。人間はいざその状況になってしまうと、焦って適切な判断が下せなくなる可能性もありますし、あとから考えて後悔するのは嫌なものですから。

数学をやっている人は、すべての場合が想定できていない状況は不安ですから嫌います。前もってさまざまなことを細かく場合分けしています。予想されるすべての出来事をすべて前もって思考でカバーしておくのが理想ですし、それに近い心がけをしておけば、いざというとき間違った判断をしない可能性が大きいということです。

賢い転職のために必要なこと

転職については、事前の場合分けをしておくことが特に重要です。

実は僕も転職組です。もともと河合塾にいましたが、今の東進ハイスクールから「東進に来ませんか？」と声をかけていただきました。もちろん、非常に悩みましたし、実際は2度ほどお断りして、実際に移籍することになったのは、最初に声がかかってから4年後になりました。その際、「河合塾に残るか、東進ハイスクールに行くか」という場合分けを設定し、いろいろ考察しました。

河合塾には私学共済という共済があって、かなり雇用が安定していました。ほかの某予備校と違って、講師を簡単にクビにはしません。だから河合塾に残っていたとしたら、うまく行けば60歳から65歳くらいまでは間違いなく働けました。共済ですから年金も結構高いようで、公務員とほぼ一緒です。

一方の東進ハイスクールは、河合塾ほど雇用が安定していません。先人たちの話を聞くと、数年でいなくなった講師もたくさんいるようです。ただ、そのリスクを背負うだけの報酬はもらえそうだということもわかりました。

両方の状況がわかったところで前出の期待値を計算しました。自分の出した結果に対して失敗する可能性もあるのですが、基本的には期待値の高いほうを選択するのが正しい選択だと数学をやる人は考えます。その結果、東進ハイスクールに移籍する決意をしたわけです。もちろん、東進ハイスクールに行ったあとの場合分けもしました。もし東進に行って5年でクビになっちゃったら自分で塾を開こうとか、ほかの予備校に行ける可能性はないだろうかとか。たくさんの分岐点を設定したのです。

結果的には、自分ではこの移籍は成功だったのではないかと思っています。もちろん、最終的にはもう少し時間が経たないとわからないのですが。

転職という決断をする以外にも、場合分けは役に立ちます。

例えば、組織や会社の方針が変わったり異動したりして、会社ですごく居心地が悪くなったとしましょう。このとき、その状況を上司に訴えるかどうかという場合分けが起こります。上司に主張することによって部の雰囲気が悪くなり、逆にもっと居心地が悪くなって会社を辞めることになるかもしれない。でも、上司がこの事態を重く見てくれて、職場が改善される可能性もある。もしかすると、一度話し合いの場を設けてくれるかもしれない。話し合いが設けられるなら、ああ言ったらこういう反応が来るだろう、こう言ったらこういう反応だろうという、さらなる場合分けもできます。

行動を起こすときには、事前にこれらをシミュレーションした上で、臨んだほうがよいと思います。何も考えずに「ちょっと働きづらいんですけど」と言っても、自分が想定しなかった答えを返された瞬間に対応できなくなる可能性もあります。リアクションを想定してからアクションを起こす——これが場合分けの本質です。

こういう場合分けは、取引先に謝りに行くときなどに、誰もが自然にやっていることだと思います。いきなりキレられたら土下座しよう、取り次いでくれなかったら玄関前で待とう、説明を求められたらこういう言い方をしよう、補償を求められたら用意したプランを出そう、などなど。

円滑なビジネスを行うため、的確な場合分けをマスターしましょう。

告白するとき、言い寄られたとき

恋愛という局面においても、場合分けが活躍します。例えば、意中の相手に告白したとき、相手のリアクションによってどう反応するか。ＯＫだったら何の問題もないですが、問題はあいまいな態度を取られたときです。例えばこんなふうに場合分けをします。

・はぐらかして別の話題をされたら→友達としてつきあうことにする
・考えさせてと言われたら→可能性があるかもしれないので3日後に飲みに誘ってみる
・あとで返事すると言われて1週間連絡がなかったら→諦める
・いきなり笑われたら→金輪際、連絡を断つ（笑）

逆に、複数の女性（男性）から言い寄られたときも場合分けで考えるべきです。実はBさんのほうが好きなんだけど、先にAさんに好きだと言われたらどうするか。ここが場合分けの分岐点です。もしAさんにOKしてしまうと、Bさんは絶対に来ない。だけど、Aさんを断ったからといってBさんが言い寄ってくるとは限らない。でもAさんの申し出を保留にしておいたら、Aさんの機嫌が悪くなるかもしれない……。

Aさんから告白を受けたことを隠しておいて、Bさんのアプローチを待つという方法もありますし、逆にAさんから告白されたことをBさんにオープンにして焦らせ、Bさんからの告白を促すという（ちょっと小ずるい）方法もあります。

年頃の女性がよく「今の彼と結婚すべきか？」と悩みますが、それも同じです。この人でいいかどうかイマイチ自信は持てないけど、もしかしたらこのあといい人が現れるかもしれない。でも今の彼と付き合っているうちは、新しい出会いはない。
現実的にも数学的にも、とても難しい問題ですね。

棋士はきっと数学が得意

将棋や囲碁は数学と似ています。本書冒頭でも「駒の動き方というルールを覚える」話をしました。ルールを覚えて、その中でどうやったら自分の利得が最大になるかということを考え、過去の定石を学び、その場その場の局面において自分の最適値を判断するのは、数学の本質に近いと言えるでしょう。

定石を学ぶということは、数学で言うなら過去の入試問題を解いてみることです。対局にせよ数学の問題にせよ、まったく同じ盤面、まったく同じ問題はほとんどありませんが、いつか見た局面、いつか解いた問題と近いことはよくあります。近いとわかりさえすれば、その状況とどこが似ているかで対処法を考える。これも既に説明した「アナロジー」です。

だから、将棋が強い人は数学もできる可能性が高いのです。もちろん、ほっといても高等数学が解けるわけじゃなく、ちゃんと勉強したらできるという素質の意味です。将棋でなくても、チェスでもオセロでも囲碁でもいいのです。いろいろな状況を場合分けして考え、すべての先読みをする訓練ができている人は、数学ができる確率は高いと思います。

逆もあります。僕はけっこう将棋は強いと自負していますが、自分の所属していた可換環論の学会のある偉い先生がある日、将棋を覚えたんだと言ってきたので、対局しました。その時は弱くて話にならないほど僕の圧勝だったのですが、1年後に対局したらまったく歯が立たなかったのです。

数学のセンスのある人は、「ルールを覚えて最適解を出す」ことに長けているので、将棋でもそれが生きるということなのだと思います。

将棋をゲームと捉えるなら、数学もかなり複雑なルールで構成されたゲームです。だから、そのルール、微分だの「sin」だの「cos」だのを覚えている時点で嫌気が差し、挫折してしまうと、数学の面白さがわかる前に諦めてしまします。これは無理もありません。

これを将棋で例えるなら、駒の動き方もわからないのに、この局面だとどうやって指すのか考えてみなさいと言われるようなもの。面白くもなんともないのは当たり前ですよね。

数学もそんな感じです。微分積分でも数列でも、色々な記号や公式が出てきて、そこが全部理解できていたら、じゃあ自分で考えてみなさいとなったとき、俄然《がぜん》面白くなりますが、そこに到達するまでの間に相当の時間を要するのは確かです。

そういう意味では、ニンテンドー3DSといった「ゲームが好き」な人は、ルールを覚えて最適解を出すために分析する喜びを知っているはずなので、もしかしたら数学でも「俄然面白くなる」段階までいけるかもしれません。

ただ、ゲームのルールは、プレイをはじめて1時間くらいでルールが把握できるよう親切に設計されていますが、高校の数学は下手したらルールを把握するだけで1、2年かかりますので、ゲームで言うならかなり歯ごたえのある、難易度の高いゲームだと言えるでしょう。

デュースから勝つ確率

ここからは、よりいっそう数学っぽく、世の中の現象をきっちり計算することで、その仕組みを探っていきましょう。

たとえば、テニスで「デュース」の状態から勝てる（1ゲームを取る）確率について、考えてみます。

念のためテニスの基本ルールを説明しておくと、テニスはポイントを取るごとに、0（ラブ）→15（フィフティーン）→30（サーティー）→40（フォーティー）というふうに得点となり、40の状態でポイントを奪取すると勝ちです。

図④-2

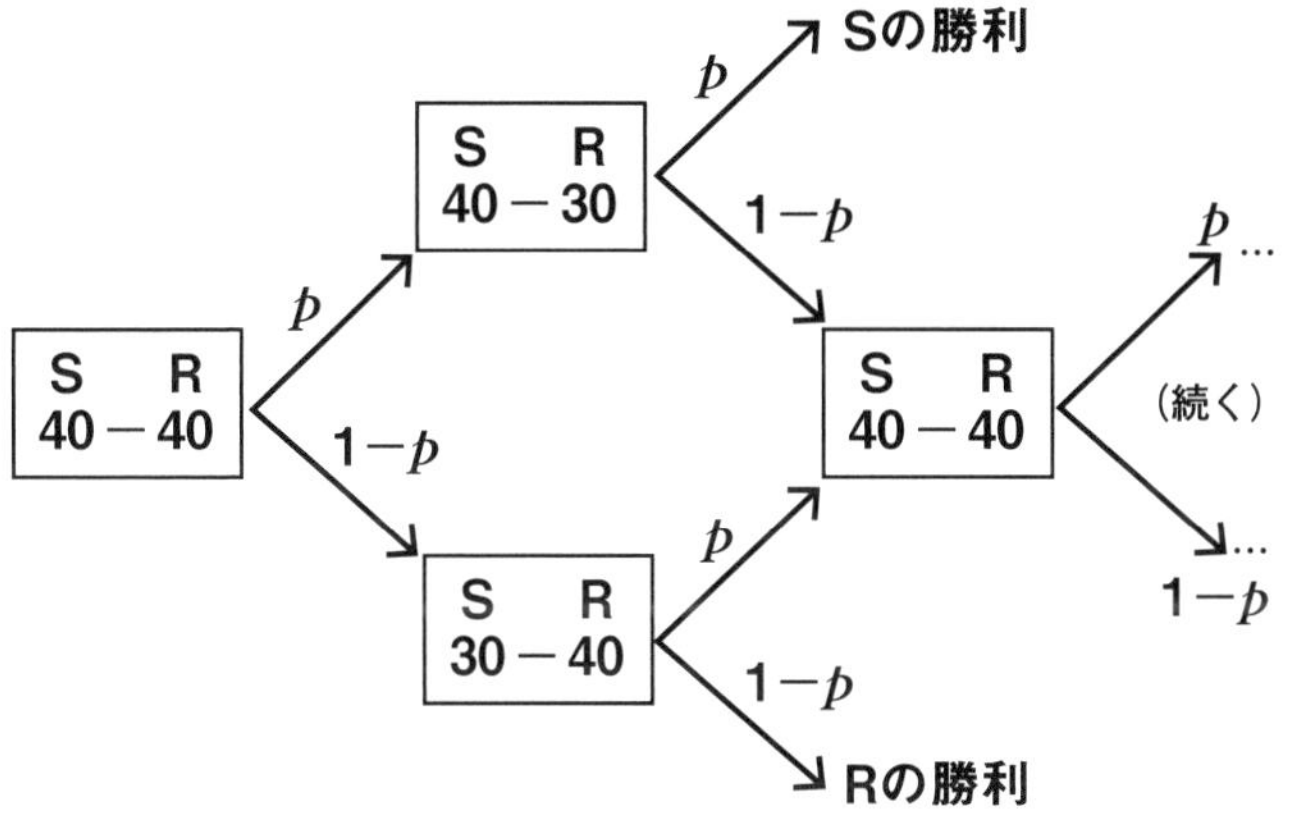

ただし、双方が40のとき、すなわち40‐40の状態からは、どちらかが連続で2ポイント獲得しないと勝てません。この40‐40の状態を「デュース」と呼び、デュースの状態からどちらかが1ポイントを取った状態を「アドバンテージ」と呼びます。

サーブを打つ側をサーバー（S）、受ける側をレシーバー（R）としましょう。ここで、40‐40の状態からの得点の推移は、（**図④‐2**）のようになります。なお、アドバンテージ　サーバーは40‐30、アドバンテージ　レシーバーは30‐40で表しています。

pはサーバー側がポイントを取る確率です。40‐40の状態でサーバーがポイントを取ると、40-30（アドバンテージ　サーバー）になります。そこでさらにサーバーがポイントを取ればサーバーの勝ちです。

一方、40-40の状態でレシーバーがポイントを取る確率は$1-p$となります。レシーバーがポイントを取れば30-40（アドバンテージ　レシーバー）となり、さらにレシーバーがポイントを取ればレシーバーの勝ちです。

ただし、どちらかがポイントを取ったあと、つまりアドバンテージの状態で、もう一方がポイントを取れば40-40の状態に戻ります。その後はまた同じような図が続いていくわけです。

サーバーが勝つ確率をxとおきます。デュースの状態からサーバーが勝つということは、以下3つのパターンしかないので、これら3つの和がxになります。

①2回連続でサーバーがポイントを取る…確率は$p \times p$

②1回目にサーバーがポイントを取って、2回目にサーバーがポイントを失い、またデュースの状態になり、その状態から勝つ…確率は$p \times (1-p) \times x$

③1回目にサーバーがポイントを失って、2回目にサーバーがポイントを取り、またデュースの状態になり、その状態から勝つ…確率は$(1-p) \times p \times x$

図④-3

$$x = p^2 + p(1-p)x + (1-p)px$$

$$x = 2p(1-p)x + p^2$$

$$(2p^2 - 2p + 1)x = p^2$$

$$\therefore x = \frac{p^2}{2p^2 - 2p + 1}$$

②③においてなぜ「勝つ確率＝x」を掛けるかといえば、ポイントを取ってから失う（または失ってから取る）ことによって、振り出し状態に戻るので、その状態から勝つ確率は定義によってxになるからです。

①～③を方程式に直して解くと（**図④-3**）になります。基本的にテニスは、サーバーがポイントを取れる確率のほうが、レシーバーがポイントを取れる確率より高いとされています。例えば、もしサーバーがポイントできる確率pが80％、すなわち0・8の場合、その後サーバーが勝てる確率は、上の式にp＝0・8を代入することにより94・1％。ここで大切なことは、「ポイントできる確率が80％でも、勝てる確率が80％ではない」ということです。

これを表にすると（**図④-4**）、サーバーがポイントできる確率が50％の場合は勝てる確率も50％ですが、

図❹-4

p (サーバーがポイントできる確率)	サーバーが勝てる確率
0.1	0.012195
0.2	0.058824
0.3	0.155172
0.4	0.307692
0.5	0.5
0.6	0.692308
0.7	0.844828
0.8	0.941176
0.9	0.987805

50％を割る場合は、勝てる確率がポイントできる確率を超えてどんどん低くなっていき、50％より高い場合はポイントできる確率を超えてどんどん高くなっていきます。

当たり前の話ですが、デュースという局面においては、サーバーがポイントできる確率が高ければ高いほど、それ以上の確度をもって勝つ確率が高まる（有利である）ということです。

ちなみに、ここでは40－40以降の状態で計算しましたが、ゲームスタート時、0－0からでも計算は可能です（ただし、分岐が複雑になって計算が面倒にはなります）。

バレーボールは不公平

昔、バレーボールは「サイドアウト制」といって、サーブを打ったチームがラリーに勝つとポイントが入り、負けると相手チームにサーブ権が移るというものでした。つまりサーブ権の移動だけでは点が入らなかったのです。

ところが、これだと試合が長引いて終了時間が読めないこともあり、TV放映などで都合が悪かったようで、あるときから「ラリーポイント制」というルールに変わりました。これは、サーブを打ったチームがラリーに勝つとポイントが入るのは変わりませんが、負けると相手チームにサーブ権が移るとともに、相手チームに得点も入るというものです。

バレーボールはテニスと逆で、サーブを打ったほうが不利なスポーツのようです。特に男子の場合、レシーブしてトスを上げてアタックすると、かなりの高確率でポイントを取ることができます。サーブ側が得点することを「ブレイク」というのですが、男子の場合、ブレイク率は30％くらいのようです。

バレーボールは全5セットです。ということは最初の4セットは2セットずつ最初にサーブ権を持つとして、第5セットのサーブ権が最初どちらにあるかによって、試合の有利不利が決まってしまうと思いませんか？

例えば、第5セットが2点先取のゲームなら、ブレイク率が30％の場合、70％の確率でサーブ側のチームはマッチポイントを取られてしまいます。実際には、バレーボールの第5セットは15点先取ですから、そんなに大きな確率の差はつきませんが、ブレイク率が50％より小さいということは、第5セットで最初にサーブ権を持つほうが確実に不利であることはわかってもらえたと思います。

世の中には、スポーツやゲーム、そして多くのビジネスシーンにおいて、「一見して公平に見えるが、ルールをきちんと把握すれば、数学的に考えると公平ではない勝負」が山のように転がっています。これを知ることはすなわち、世の中を少しでも有利に生き抜いていく知恵をつけることにほかなりません。

このような「見せかけの公平」を見破る訓練をしましょう。

「見せかけの公平」——先手と後手

「見せかけの公平」のもっともわかりやすい例は「先手と後手」です。

一例を挙げましょう。ちょっと長い数学用語なのですが、オセロや将棋のようなゲームを「二人《ふたり》零和《れいわ》有限確定完全情報ゲーム」と呼びます。この二人零和有限確定完全情報ゲームでは、最善の手を尽くせば「先手必勝」「後手必勝」「引き分け」のいずれかであることが数学的に証明されています。

ちょっとびっくりするかもしれませんが、例えば、将棋は「先手必勝」「後手必勝」「引き分け」のいずれかであることが証明されているのです。ただ、証明はされているのですが、選択肢がありすぎて、解析が今のところできないために、肝心の「先手必勝」「後手必勝」「引き分け」のいずれであるかはわかっていませんし、具体的な手順ももちろんわかっていません（具体的な手順がわかると、恐らくプロ棋士と言われる人はいなくなると思います）。

ただ、コンピューターの進化によって、少しずつですがいろいろ計算ができるようになってきています。例えば、６×６のオセロ（８×８オセロの盤を小さくしたもの）は「後手必勝」であることが証明されています。

「必勝の手順」が発見されていないのに結論だけが出ているとはどういうことでしょうか？それを示すために、「チョンプ」という2人でやるゲームで説明してみましょう。「チョンプ」は非常にシンプルなゲームです。

「チョンプ」は板チョコのようなm個×n個の板を、プレイヤーが代わりばんこに取っていくものです。ルールは、

・ある板を選んだら、その右側と下側すべての板を同時に取らなければならない
・自分の番では必ず板を1つ以上取らなければならない
・左上の板を取ったプレイヤーが負け

4×4のチョンプで見てみましょう。この例は、B（後手）の負けです（**図④-5**）。

結論から言うと、このゲームは先手必勝です。

それは、どうしてだと思いますか。

まず、前に述べたようにチョンプも二人零和有限確定完全情報ゲームなので（証明は省略します）、「先手必勝」「後手必勝」「引き分け」のいずれかなのですが、「引き分け」は起こりえません。そこで、「後手必勝」と仮定します（「後手必勝」と仮定して矛盾すれば「先手必勝」です）。このとき、先手は右下の1枚だけを取ります。そして後手は「後手必勝」の手順にしたがって「何らかの」取り方をしますが、その取り方は1手目で先手が取れる取り方なのです。

（**図④-5**）で説明します。1手目（Xの局面）でAが1枚取り、2手目（Yの局面）でBが5枚取りましたが、これは1手目でAが6枚取ることによってAが取れる取り方です。ということは、先手必勝な手順があるということになり、後手必勝に反するから矛盾である。よって、先手必勝です。

少し難しい証明なので、なんとなくしかわからないかもしれませんが、たったこれだけで

図❹ - 5

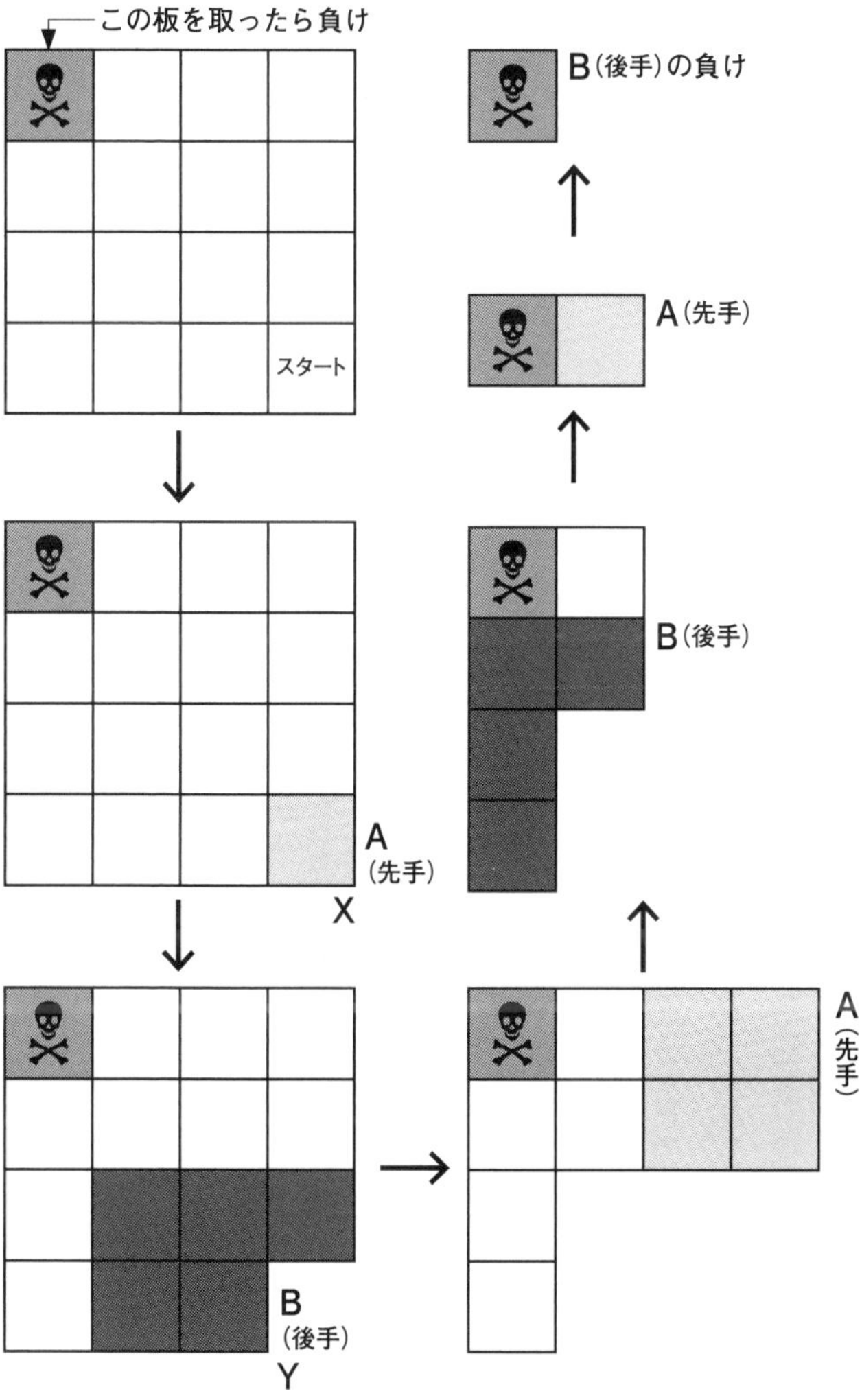
この板を取ったら負け
スタート
A
(先手)
X
B
(後手)
Y
A(先手)
B(後手)
A(先手)
B(後手)の負け

証明が終わりです。このように、先手証明であることが示されたのですが、具体的な手順については何も示されていません。

ちなみに、4×4チョンプについては先手必勝の手順が見つかっていますので、巻末191ページで説明してみます（なお、一般のチョンプについては、ほとんど必勝の手順が見つかっていないようです）。

「必勝」とは相手に「負け型」を渡し続けること

昔、ロンドンブーツ1号2号の番組の中で「Ｎｏｔ １００（One Hundred）」というゲームがありました。数名の参加者の前に置いてある料理に、タバスコやコショウなどの香辛料を一人1回から3回（何回振りかけるかは各自が決められる）順番に振りかけていき、１００回目を振った人間がそれを罰ゲームとして食べなければならないというものです。振りかけることをパスはできません。

これを二人でやるゲームとして考えてみると、実は先手必勝です。もっと言うと、コショウを振りかける総回数が決まれば「先手必勝」か「後手必勝」かが決まってしまいます。

【A】コショウを振りかける総回数が「4の倍数＋1」の場合…後手必勝
【B】コショウを振りかける総回数が右記以外（4の倍数、4の倍数＋2、4の倍数＋3）の場合…先手必勝

つまり「Not 100」をもし二人でやるなら、100は4の倍数（【B】の場合）なので、先手必勝となるわけです。

なぜ、こうなるのでしょうか。実際に証明してみましょう。

【A】の場合、後手は、自分の番が回ってきたら、先手との合計が4になるようにコショウを振るのが必勝法です。

●先手がコショウを1回振ったら…後手はコショウを3回振る
●先手がコショウを2回振ったら…後手はコショウを2回振る
●先手がコショウを3回振ったら…後手はコショウを1回振る

例えば、

先手3回⇓後手1回（P）⇓先手2回⇓後手2回（Q）⇓先手3回⇓後手1回（R）⇓先手1回⇓後手3回（S）⇓…

というような感じです。こうすると、後手がコショウを振った時点で、それまでにコショウを振りかけた総回数は4、8、12、16回と4ずつ増えていきます（Pの時点では4回、Qの時点では8回、Rの時点では12回、Sの時点では16回コショウを振りかけています）。

コショウを振りかけることのできる残りの回数は4ずつ減っていき、それは常に「（4の倍数）＋1回」が維持されます。例えば、コショウを「61回振ったら」負けのゲームの場合、

●Pの時点で4回コショウを振ったので残り57回振ることができる
●Qの時点で8回コショウを振ったので残り53回振ることができる
●Rの時点で12回コショウを振ったので残り49回振ることができる
●Sの時点で16回コショウを振ったので残り45回振ることができる

これを続けていくと、最終的には

コショウを振りかけることのできる残りの回数が残り1回

の状態が先手に渡されることになりますから、先手は最後の1回を振らねばならず、後手の勝ちになります。後手は先手に、コショウを振ることのできる残りの総回数が

（4の倍数）＋1回

の状態を常にゲーム中ずっと渡し続けていたわけです。

一方【B】の場合、先手が勝つために取るべき1手目は、「コショウを振ることのできる残りの総回数が（4の倍数）＋1回になるように1手目のコショウを振りかける」

です。例えば、

●コショウを振りかける総回数が15回ならば、先手はコショウを2回振りかけ、残りの総回数を13回にして後手に渡す

●コショウを振りかける総回数が18回ならば、先手はコショウを1回振りかけ、残りの総回数を17回にして後手に渡す

●コショウを振りかける総回数が100回ならば、先手はコショウを3回振りかけ、残りの総回数を97回にして後手に渡す

このように先手は、1手目でコショウを振る残りの総回数が（4の倍数）＋1回の状態で後手に渡します。そして、ここからゲームが始まると思えば（先手は後手とみなせる）、あとは【A】の手順をたどることによって、今度は先手の勝ちとなるわけです。

ちなみに、プレイヤーが3人とか4人になると、話が複雑になってきますが、もし4人でやる場合なら、3人が結託して残りのひとりをはめようと画策すれば、3人は勝てます。それを画策しなかったからこそ、番組がゲームとして成立していたということですね。

「日常生活でこんなゲームなんてやらないから、必勝法を聞いてもしょうがない」と思うかもしれません。もちろんそうです。ただ、ここでは「勝つ」ということの本質を理解してください。

このようなゲームにおいて、「勝つ」というのは、「負け型」（どのような手を打っても勝負する相手に必勝手順が存在する局面のこと）と言われている状態を常に相手に渡し続ける行為をしています。実際、4×4チョンプの場合は相手に（aの個数）＝（bの個数）の状態を渡し続けましたし（巻末の解説を参照）、「Ｎｏｔ　１００」の場合は相手に、コショウを振ることのできる残りの総回数が（4の倍数）＋1枚の状態を渡し続けています。日常生活においてもこのような「負け型」の状態を相手に渡し続ける方法はないかを考えてみると、意外と見つかるかもしれませんよ。

数学的には、先手と後手があるとき、そのゲームは公平ではないことのほうが多いのです。これを先入観で公平だと思ってしまうのは間違いであると知ってください。

第5章

「幸せ」になるための数学

どの娘を狙うのが正解か？

この章では、「自分が幸せになる方法は、自分と集団の両方にとって最大の利益を追求すること」についてのさまざまな事例を紹介しましょう。

これは一見すると、矛盾した言い方に聞こえるかもしれません。個人の利益と集団の利益は相反するのが普通では？　と考えがちなところですし、集団の利益なんてのはなんだか倫理的・道徳的で、あまり数学っぽさを感じません。しかし、これはつとめて数学的な考え方なのです。

皆さんは『ビューティフル・マインド』という映画をご存知でしょうか。米国人数学者ジョン・ナッシュの半生を描いた映画で、監督はロン・ハワード。アカデミー賞を4部門も獲得し、日本では2002年に公開されました。

この作品でラッセル・クロウ演じるナッシュは、酒場で同級生の男子学生たちと、「どの女の子を狙うか」ということについて、興味深い思考実験をします。

その場にいるのは、ナッシュを含む男が5人と女のコたちが5人。女のコのうちの一人はブロンド美人で、ほかの4人に比べると明らかに高嶺の花です。ただし、男全員が自分の利益のためにブロンドに言い寄ったところで、誰も彼女と付き合えないのは目に見えている。

しかも、ブロンドにふられたあと「こっちの娘でもいいや」と残りの4人に言い寄っても、ほかの女性たちはひがむので、きっと付き合ってくれないでしょう。

であれば、男たちは最初からブロンドを無視してほかの4人に声をかければ、カップルの成立する可能性が大きくなるので、個人にとっても集団にとっても最良の結果が出るというのがナッシュの言い分です。

以下、ナッシュのセリフを再現してみました。

ナッシュ：アダム・スミスは間違ってる。
ナッシュの友人：お前、何を言ってんだよ。
ナッシュ：全員ブロンドを狙えば、互いが邪魔しあい、誰ひとり彼女に手が届かない。そのあと友達を狙う。だが向こうも、ブロンドのあとだとわかるから、成功率は低い。誰もブロンドに行かなかったら？　こちらは邪魔しあわず、彼女の友達も侮辱しない。唯一、全員が女と寝る方法だ。
ナッシュの友人：（笑）
ナッシュ：アダム・スミス曰く、『最良の結果はグループ全員が〝自分のため〟にベストを尽くすときに得られる』。不十分だ。不十分。いいか、最良の結果が出るのは、

全員〝グループのため、自分のため〟に動いたとき。

近代経済学の父・アダム・スミスは「個人による競争が社会を豊かにする」という有名な主張を残しましたが、ナッシュはそれを真っ向から否定したのです。

男たちが我先にとブロンドに抜け駆けせず、裏切らないという前提で、個人の利益（この場合は誰かしらの女の子と付き合うこと）を追求すればよい。つまり、全員が「グループのために、かつ自分のために」動くべきであるというのが、若かりしナッシュの主張でした。

この分野はゲーム理論といいます。ナッシュは博士課程在学中にこの理論を研究し、のちに「ナッシュ均衡」とよばれる概念を定義して博士号を取得しています。また、ナッシュは「非協力ゲームの均衡の分析に関する理論の開拓」で1994年にノーベル経済学賞を受賞してます（もちろん、彼は数学者です）。

牛丼の値下げ合戦

「ナッシュ均衡」とは、ゲームに参加しているどのプレーヤーも、自分の戦略を変更すると損である（より高い利得を得ることができない）状態のことを指します。ということは、皆にとってウィン・ウィン(win-win)の関係のように見えるのですが、実際はそうではありません。

これはビジネスシーンにおいてよく見られます。例えば企業の値下げ合戦です。松屋と吉野家の牛丼の価格でシミュレーションしてみましょう(**図⑤-1**)。


松屋と吉野家の牛丼の価格が350円と300円の場合で考えましょう。この表を「利得表」と言います。この利得表では、吉野家と松屋、両社とも350円の状態では、利益(利得といいます)は500と500になります(**図⑤-1:利得表の左上**)。

また、この状態から松屋だけが300円に値下げすると、お客さんは松屋になだれ込みますから、松屋の利得が800、吉野家の利得が0になります。松屋が利益をぜんぶ独り占めできるからです(**図⑤-1:利得表の左下**)。

ちなみに、800という数字に特別な意味はありません。価格を下げたことによって利幅が薄くなるので、500+500の1000より少なくしてあるというだけです。

同様に、吉野家だけが300円に値下げすると、松屋の利得が0、吉野家の利得は800です(**図⑤-1:利得表の右上**)。

そして、両方が300円にすると、シェアは半々ですが、両者が350円のときよりも儲

図⑤-1　利得表：牛丼の価格

㊐…吉野家の利得
㊏…松屋の利得

		吉野家 350円	吉野家 300円
松屋	350円	㊐ 500 / ㊏ 500	㊐ 800 / ㊏ 0
松屋	300円	㊐ 0 / ㊏ 800	㊐ 300 / ㊏ 300 「ナッシュ均衡」状態

けが少なくなるので利得は３００、３００（**図⑤-1：利得表の右下**）。

この仮定（あくまでも仮定ですよ）のもとで、吉野家と松屋はどう価格設定をしたらよいのでしょうか。

まず、吉野家から考えてみましょう。吉野家が自分の利得だけを追求すると、３００円に値下げするはずです。というのは、松屋の値段が３００円だろうと３５０円だろうと、吉野家としては、値下げして３００円にするほうが自分の利得が大きくなるからです。

同様に、松屋も３００円に値下げします。吉野家の値段が３００円だろうと３５０円だろうと、松屋は、値下げした方が自分の利得が大きくなるからです。

このようにして、両者とも300円に値段を設定することになります（**図⑤-1：利得表の右下**）。そして、この右下の状態は、自分の戦略を変更すると損の状態（自分だけが値上げをすると損をする）なので、ナッシュ均衡の状態です。

でも、お互いが協調して値下げしなければ利得は500、500とお互いにとってもっと良い状態にできますよね。そうなんです。「自分にとって」だけの最適判断をすると、「300円に値下げする」という戦略を取らざるを得なくなり、双方にとって利得は300、300しか得られないのです。

一番良いのは、協調して500、500の利得を得ること（これを「パレート最適」と言います）。個人の利益だけを追求するのが必ずしもベストではない（しかし、その状態になってしまわざるを得ない）いうことが、わかってもらえたでしょうか。

このケースにおけるナッシュ均衡は「ダンピング合戦」とか「チキンレース」とかいう言われ方もしますよね。DVDレンタルが一律100円になったり、激安居酒屋が増えたりして、レースに参加している企業が利益を取れなくなり、経営体力が削られていく構図は、その典型と言えるでしょう。

もうひとつ、三越と松坂屋の例でも説明しましょう（**図⑤-2**）。こういったデパートは

図⑤-2 利得表：デパートの冷房

㊂…三越の利得
㊗…松坂屋の利得

「ナッシュ均衡」状態：松坂屋25℃・三越25℃

		三越 25℃	三越 28℃
松坂屋	25℃	㊂ 300 ㊗ 300	㊂ 0 ㊗ 800
松坂屋	28℃	㊂ 800 ㊗ 0	㊂ 500 ㊗ 500

特に夏場、館内を冷房するため、電気料金が莫大なものになりますよね。そこで、両方の店舗とも冷房を25℃に設定した場合の互いの利得を３００、３００、両店舗とも冷房を28℃に設定した場合の利得を５００、５００とします（温度を25℃に設定したほうがより電気料金がかかるため、利得が少なくなると設定しています）。「電気料金がそんなに影響を与えるわけないじゃないか！」とか言わないでくださいね。あくまでもシミュレーションです。

　そして、三越が冷房を28℃、松坂屋が25℃に設定すると、蒸し暑い店で買い物をしたくないですから、客はすべて松坂屋に行くことになるので（極端ですが）、三越の利得が０、松坂屋の利得が８００。逆に、松坂屋が冷房を28℃で三越が25℃のときは、三越の利得が８００、松坂屋の利得が０とします。

　この場合も、先ほどの牛丼の場合と同じく、三越は冷房を25℃に設定します。松坂屋の冷房の温度が25℃でも28℃でも三越は25℃に設定した方が自分の利得が大きくなるからです。同様に松坂屋の戦略も冷房は25℃。というわけで、利得表の左上の状態に落ち着きます（これがナッシュ均衡）。

でも、本当は両社が協調して、冷房の温度を28℃にすると利得が500、500になるのですが、自分の利得だけを追求するとそれができないわけです。

囚人のジレンマ

牛丼の場合もデパートの冷房の温度設定の場合も、なぜ利得が低くなってしまうのでしょうか。それは、これらの状況が「相手を裏切ったほうが得をする」という構図だからです。二人とも協調できれば、ウィン・ウィン（ｗｉｎ－ｗｉｎ）なのにそれができません。自分にとっては最適な判断なはずなのですが、両者ともに良くなる行動（パレート最適）をとりえないジレンマなわけです。これが有名な「囚人のジレンマ」というモデルです。

「囚人のジレンマ」はゲーム理論や経済学でよく登場する重要概念のひとつ。定義を説明すると、「互いに協力しあうほうが裏切りあうよりもよい結果になるとわかっていても、全員が自分だけの利益を追求しようとしている状況下では、互いに裏切りあってしまう」状況の

図⑤-3 利得表：囚人のジレンマ

Ⓐ…Aの懲役
Ⓑ…Bの懲役

		囚人A 自白	囚人A 黙秘
囚人B	自白	Ⓐ7年 Ⓑ7年（「ナッシュ均衡」状態）	Ⓐ10年 Ⓑ0年
囚人B	黙秘	Ⓐ0年 Ⓑ10年	Ⓐ1年 Ⓑ1年

ことです。

有名な図で説明しましょう。監獄に入っている囚人AとBがいて、自白するか黙秘するかを迫られます（**図⑤-3**）。

ここで、警官からこんな提案がなされます。

【1】二人とも黙秘したら、二人とも懲役1年。
【2】どちらか一人だけが自白したら、自白したほうは懲役0年。自白しなかったほうは懲役10年。
【3】二人とも自白したら二人とも懲役7年。

ここで囚人は、「自分が自白することは、相手が自白する、自白しないにかかわらず、自分にとって得」というインセンティブが働くので、自白してしまいます。

しかし、二人ともそう考えるので、結局は二人とも自白してしまい懲役7年ずつになってしまう。【3】よりは【1】のほうがいいので、二人とも黙秘していればいいのに、そういうインセンティブが働かない。まさに、ジレンマです。

うなぎの乱獲——共有地の悲劇

囚人のジレンマを社会的状況に置き換えるとどうなるかが、「共有地の悲劇」と呼ばれる問題です。例えば、日本と中国の間で「資源保護のため、太平洋でのうなぎの稚魚（シラスウナギ）を獲る量を削減して、年間2トンずつにしましょう」という協定が結ばれたとしましょう。日本と中国の共有地が太平洋というわけです（**図⑤-4**）。

うなぎという資源保護のため、日本も中国も2トンずつしか獲らないよう決められているわけですが、それぞれの国にしてみれば、うなぎは高く売れるので、相手国を裏切ってでも10トン獲りたい。この利得表では、日本は10トンを獲れば、中国が2トン獲った場合でも10トン獲った場合でも利得が大きくなります。中国も同じです。両国ともに「2トンしか獲らない」というインセンティブが働かないわけです。

図⑤-4　利得表：うなぎの乱獲

		日本 10トン	日本 2トン
中国	10トン	日 60 / 中 60	日 10 / 中 100
中国	2トン	日 100 / 中 10	日 10 / 中 10

「ナッシュ均衡」状態（左上）

日…日本の利得
中…中国の利得

ですから、両国とも10トンずつ獲ることになります（**図⑤-4：利得表の左上**）。でもこのまま自分の利益だけを追求していくと資源は枯渇します。これが、共有地の悲劇と言われているゆえんです。

これは、もともとは二人の村人が共有地である放牧地に羊を飼うか飼わないかという話が元になっています。二人とも羊を飼うと、放牧地の草がなくなってしまって、結局そこでは誰も羊を飼えなくなる。だから本当は二人とも飼わないほうがいいのですが、「自分は飼わない」というインセンティブが働かないので、結局二人とも羊を飼ってしまい、草がなくなってしまったというわけです。

こと資源問題の話し合いでは、道徳的、感情的な意見が出て紛糾しがちですが、数学的に考えて、全体としての利益はいったいなんなのかというアプローチで冷静に議論することも、解決の一助となるはずです。

プロポーズは順番が大事

さて、世の中では昨今ますます晩婚化が進んでいるようです。男女の数はそこまで大きく変わらないはずなのに、なかなかフィットする相手に出会えないのはなぜでしょうか。

これは「マッチング」がうまくいっていないということです。付き合えばきっと相性のいいパートナー同士なのに、どちらかが別の（相性のあまり良くない）相手と付き合っているばかりに、結ばれない。出会うタイミングが悪いのかもしれません。

例えば、男女3人ずつに、それぞれ1番好きな人、2番目に好きな人、3番目に好きな人がいるとしましょう。そして、男性それぞれが女性にプロポーズします。

このような場合、どういう現象が起こるでしょうか。

普通は、好きな人順にアプローチしますよね。仮に男性からプロポーズすることにしましょう（実は、男性、女性どちらからかということも本当は重要なのですが、今回はそこまで

男性・女性それぞれの好きな順番

		1番目に好きな人	2番目に好きな人	3番目に好きな人
男性	村瀬君	ミチコさん	アキさん	エリカさん
	林君	ミチコさん	エリカさん	アキさん
	志田君	アキさん	ミチコさん	エリカさん
女性	ミチコさん	志田君	林君	村瀬君
	アキさん	村瀬君	林君	志田君
	エリカさん	村瀬君	志田君	林君

は踏み込まないことにします）。その場合、村瀬君と林君がそれぞれ1番に好きなミチコさんにプロポーズして、志田君がアキさんに行きます。

アキさんは求婚者が一人（志田君だけ）なので承諾して結ばれますが、ミチコさんは二人から言い寄られているので、二人のうちの上位にいる林君を選びます。本当は志田くんが1番目に好きなのですが、言い寄られていないので選択することができません。そして、ミチコさんに選ばれなかった村瀬君はエリカさんに行き、エリカさんは村瀬君と結ばれます（**図⑤-5【A】の状態**）。

普通はこれで終わりなのですが、ミチコさんの立場からすると、二人から言い寄られて

図⑤-5

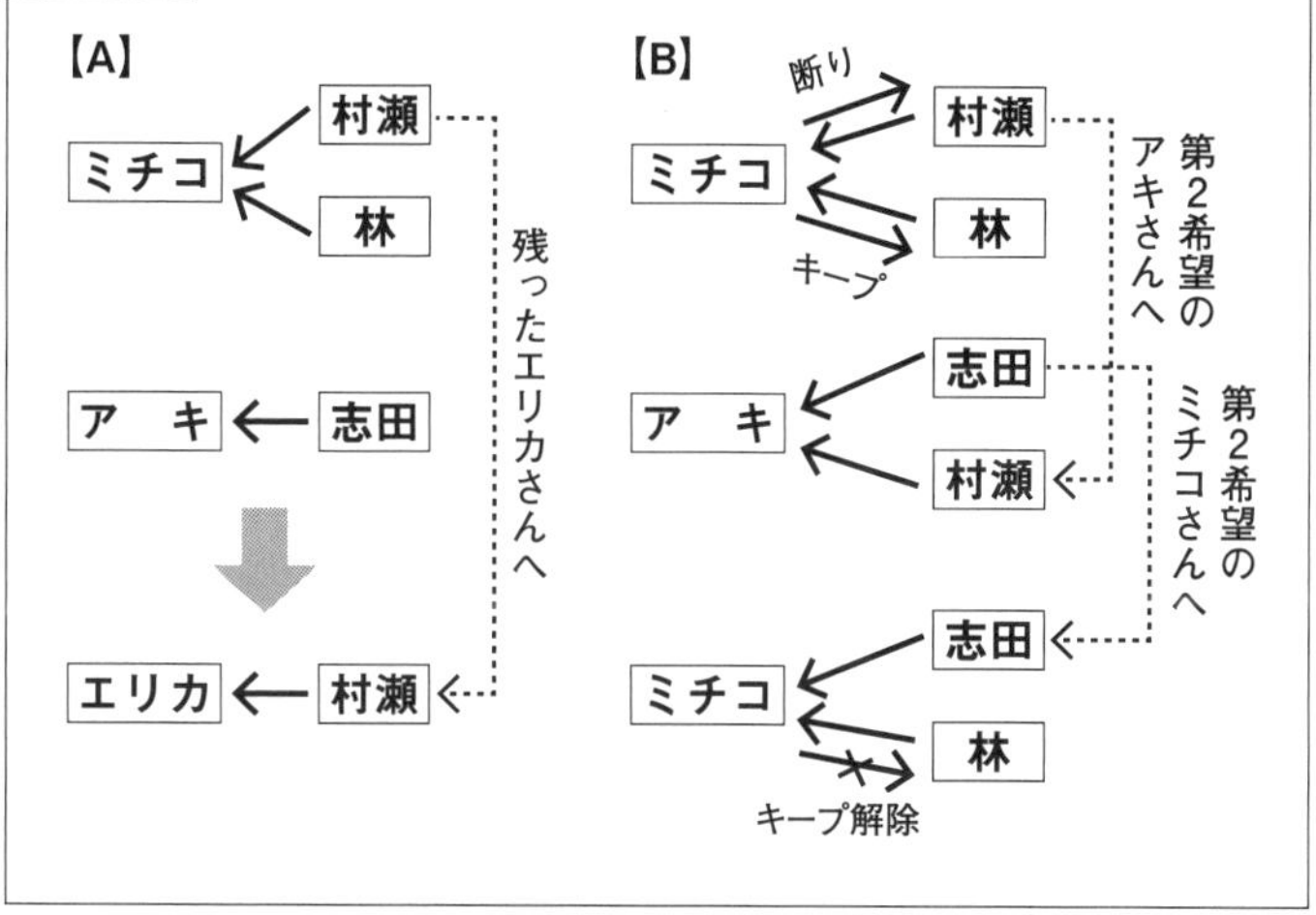

いるのにもかかわらず、2番目の林君としか結ばれません。つまり妥協していることになりますよね。

じゃあ、もしミチコさんの立場だったら、どうすればよかったと思いますか？

この場合のミチコさんの戦略としては、村瀬君と林君に言い寄られたら、できるだけ早い段階で村瀬君だけに断りを入れるべきです。林君に対する返事は保留として、彼を〝キープ〟しておくのです（こんな女性ってどうなんだ？　なんて思わないでくださいね。あくまでも理論上の戦略です）。

すると村瀬君は、ミチコさんにふられたので、2番目に好きなアキさんに言い寄ります（この村瀬君、そうとう移り身が早いですね）。ミチコさんはなぜ「できるだけ早く」かというと、既にアキさんは志田君に言い寄られているので、その返事を出さないうちに村瀬君に登場してもらいたいからです（かつて放映していたとんねるずの『ねるとん紅鯨団』で言うところの「ちょっと待った！」を村瀬君にさせたいのです）。

するとアキさんとしては、志田君より村瀬君のほうが好きなので、志田君が「壁ドン」をしようが何をしようが、アキさんは村瀬君を選びます。そうすると、ふられた志田君はミチコさんにアプローチしますから、ミチコさんはキープしていた林君を切って（林君ゴメンね）、志田君という1番に好きな人と結ばれます（**図⑤-5【B】の状態**）。

もちろん、男女とも好みが三者三様にバラけているからこそ、この方法は成立します。全員の好みが一致してしまうと、こうはいきません。バラけたときの最適解を探すのがこの方法なのです。

ここでのポイントは、ミチコさんが「男女それぞれが、誰をどういう順番で狙っているか」を前もって知っていなければならないということです。つまり、状況のすべてを正確に把握しておくからこそできる戦略なわけです。数学と同じで、諸条件やルールを把握したうえで最適解を出すことに努めるべし、という教訓がここにあるのです。

一般に、誰と誰が結婚するかとか、誰がどこの会社に就職するか、などの組み合わせを考えることは「マッチング」問題と呼ばれます。マッチングでは双方に不満が出ないことがカギとなります。これは、ゲーム理論でかなり研究されていて、実際に、アメリカで研修医を派遣する制度でも使われています。女性側を各病院に置き換えて、男性側を研修医に置き換える。病院はどんな研修医が欲しいかを順位にしておく。研修医はどの病院に行きたいかを順位にしておく。それでうまいこと組み合せ、不満がでないようなマッチングを提示する――こういったものらしいです。

これ、日本の新卒採用にも導入されると、就活生は今ほど悩まなくてよくなるかもしれませんね。

ケーキをどう切る?――不満の定義

不満が出ないようにすることとの有名な問題として、一つのケーキを二人で公平に分けるにはどうすればよいか、というものがあります。

問題：一つのケーキを二人で分ける。どちらからも不満がでないように分けるにはどうしたらよいか?

答えは「Aが切ってBが選ぶ（もしくはBが切ってAが選ぶ）」です。Aは自分の価値観で2等分する。Bは好きなほうを選べる。だからどちらも不満はない、という理屈です。

ところが、実際のところはどうでしょう。切ったほうのAは自分の価値観で2分の1ずつに分けたので、Aはどちらを取ることになっても自分の価値観ではちょうど2分の1です。

ただ、Bの価値観はAの価値観と同じとは限りません。その場合、Aが切ったケーキは、Bの価値観で見ると、2等分に見えないかもしれません。例えば、BはAよりもいちごに価値があるとみなしている場合、たとえ大きさが同じだとしても、Bにはいちごの乗っているほうが（Bの価値観では）2分の1以上に見えるので、そちらを選択するわけです。ですから、この場合は、Bのほうが有利な立場だと思いませんか。僕だったらBの立場を選びます。

数学的には、これは「不満がない」の定義（約束ごと）の問題として処理されています。通常、この場合の「不満がない」は、

「すべての人が自分の価値観で2分の1以上取れること」

と定義します（他にも定義はあります）。この定義で言うと、Aは自分の価値観でちょうど

2分の1取れます（自分で2等分したので）。Bは自分の価値観で2分の1以上取れる（Bは二つのうち好きなほうを取れる）ので、双方に「不満がない」ことになるわけです。

オリンピックを招致する方法

「プロポーズの順番」の話で、ミチコさんが1番に好きな人と結ばれるには、3番目を早々に切り、2番目をキープするのが得策という話をしました。このように、ある目的を達成するためには、目先の小さな利益に飛びつかず、状況をしっかり把握して最適の一手を打つことが大切です。それによって、のちのち得られる利益が段違いに変わってくることもあるのです。

そのなかでも、ひとつ事例をお見せしましょう。

「オリンピックを招致する方法」です。

2013年9月、2020年のオリンピック開催地が東京に決まりましたが、その時の状況を参考にして、こんな数学的モデルを作ってみました（実際の投票数とは異なります）（**図⑤-6**）。

図⑤-6

	1位	2位	3位
15人	東京	イスタンブール	マドリード
13人	マドリード	東京	イスタンブール
12人	イスタンブール	マドリード	東京

- オリンピック開催地として立候補したのは、東京、マドリード、イスタンブールの３都市
- 投票権を持つIOC（国際オリンピック委員会）の委員は40人
- 各委員の投票意向は図の通り（例えば、15人の委員が1位：東京、2位：イスタンブール、3位：マドリードの順で推している）
- 委員のうちの一人は日本人であり、図の中では15人の集団（東京、イスタンブール、マドリードの順で推している）に含まれている
- 過半数の得票数を得た都市が開催地となる
- 過半数の得票数を得た都市がなければ、得票数の最も少ない都市を脱落させて、決選投票を行う

結論から言うと、このままでは東京にオリンピックは招致できません。なぜなら、次のようになってしまうからです。

①1回目の投票で東京に15票、マドリードに13票、イスタンブールに12票が入る
②過半数を得た都市はないので、３位のイスタンブールが脱落する
③東京とマドリードの２都市で決選投票を行うが、もともとイスタンブールを1位にしていた12人は東京とマドリードの決選投票の際には、２位に推していたマドリードに投票する
④すると、東京は15票のまま。マドリードは13票＋12票で25票となり、15対25でマドリードの勝ち

では、この状況を打開するにはどうしたらよいのでしょうか。

もしあなたが日本人のＩＯＣ委員で、東京にオリンピックを招致したかったら、自分の意向通りに投票してはいけません。あえて1回目の投票ではイスタンブールに1票を入れてください。「日本人なのに、東京に入れないの?」と慌てることなかれ。結果、こうなります。

①1回目の投票で東京に14票、マドリードに13票、イスタンブールに13票入る

②過半数に達した都市がないので、最下位が脱落する。ところがマドリードとイスタンブールが並んでいるので、どちらが脱落するかを決めるために2国で決選投票する

③すると、東京を1位で推していた15人は、マドリードとイスタンブールの投票では（東京がいないため）、2位に推していたイスタンブールに入れる

④マドリードは13票のまま、イスタンブールは12票＋15票で27票となり、13票対27票でイスタンブールが勝ち、マドリードが脱落する

⑤よって、東京とイスタンブールで決選投票となる。このとき、マドリードを1位として推していた13人は、マドリードが脱落したため、決選投票のときは2位の東京に票を入れる

⑥この結果、東京は15票＋13票＝28票、イスタンブールは12票なので、開催地は東京に決定

日本人の彼のさじ加減ひとつで、結果が大きく変わってくるのです。なかなか面白いと思いませんか？

グー、チョキ、パーの関係

オリンピック招致の事例はジャンケンのグー、チョキ、パーの関係に似ています。東京がグーで、イスタンブールがチョキで、マドリードがパー。グーはパーとジャンケンすると負けますよね。それと同じように、東京はマドリードと決選投票すると負けます。東京に招致したい人間は「どうやったら、パー（マドリード）を退場させて、チョキ（イスタンブール）と決選投票できる状況を作るか」を考えればいいわけです。

日本人IOC委員の彼としては、自分の1票をイスタンブールに入れれば、チョキであるイスタンブールとパーであるマドリードの決選投票にもちこめる。そしてチョキ（イスタンブール）にパー（マドリード）を負かしてもらい、パーがいなくなったところで、グー（東京）が出て行く。パーがいなくなればグーは無敵です。

もっと身近な例にもあります。会社の同僚3人でランチに行くとしましょう。A、B、Cの3人それぞれの食べたいものがラーメン、カレー、かつ丼と割れてしまった。そんなとき、二つずつに絞って決める方法があります（**図⑤-7**）。

まずラーメンとカレーならどちらがいいか3人で投票します。すると、ラーメンが2対1で勝ちます。その後ラーメンとかつ丼の決選投票をします。今度は2対1でかつ丼が勝ち、ランチはかつ丼に決まります。

しかし投票の順番を変えてみましょう。先にラーメンとかつ丼で投票するとかつ丼になっ

図❺-7

	1位	2位	3位
A	カレー	かつ丼	ラーメン
B	ラーメン	カレー	かつ丼
C	かつ丼	ラーメン	カレー

て、カレーとかつ丼で争うと今度はカレーの勝ちになります。

これもジャンケンのグー（ラーメン）、チョキ（カレー）パー（かつ丼）の関係です。パー（かつ丼を食べたい人）の立場では、グーとチョキのジャンケンでグーに勝ってもらい、チョキがいなくなったところでパーが出て行けばいいのですが（パーはチョキさえいなければ無敵）、先にグーとパーがジャンケンしてグーを負かしてしまうと、残ったパーはチョキに負けてしまうわけです。

これも結局、事前に情報がわかっているかどうかが問題です。自分以外の２人の食べたい順番が前もってわかっていれば、自分の食べたいものに誘導できる可能性もあるのです。

プロポーズの順番やオリンピック投票、そしてランチの決定は、すべて投票プロセスによって結果が変わってしまう事例ですが、これはゲーム理論における「投票のパラドックス」という有名な話です。

投票のパラドックスは重大なことを決める局面でも発生することがあります。ある企業の社長が引退するとなったとき、次期社長に副社長、専務、常務がいるとしましょう。株主は専務を推すけど、元社長は副社長に託したい。しかし現場から人望が熱いのは常務である──。こんなふうに意見は往々にして割れますよね。

これもランチと同じで、最初に誰と誰で決をとるかによって最終結果が変わってしまうということですから、投票手続きの決定権をもっていれば、結果を操作できるということを意味しています。

飛行機に乗った際の合理的判断

本章冒頭で説明した「個人の利得を追求するよりも、個人と集団の両方の利得を追求した方がよい」が、いまだに感覚として理解できない人もいるかもしれません。そんなものは特殊なケースであり、ボランティアじゃあるまいし、自分の利益を純粋に追求したほうがいいのでは、と。

ではこういう状況を考えてみましょう。飛行機の機内で、座席の上部の物入れに自分の手荷物をしまう、という状況です。

搭乗時、後ろに並んでいる人がいるのに、自分が早く座りたいからという理由で、先に荷物を入れようとする人がいますよね。皆が着席してからか、列が途切れてから（後ろに並んでいる人を先に通してから）やればいいのに、先に荷物を入れようとする人は、自分の利得（早く座りたい）だけを追求して、そうしているわけです。

ところが、こういう人が一人でもいると、後ろの人が通れないので全員の搭乗に時間がかかり、飛行機の出発時間が遅れます。これは明らかに全体の不利益（着席前に荷物を入れた人にも不利益）をもたらします。

誤解のないように言いますが、これは「マナー」とか「道徳」とかいう類いのものではありません。混んでいる機内で後ろに人が並んでいる状態で自分の荷物をしまおうとするのは、合理的判断力に欠けた、数学的に美しくないふるまいだと言えるでしょう。

ちなみに、飛行機の搭乗の仕方については、どの順番にするとよいかという研究がなされているそうです。

第6章 数学ができれば それでよいのか？

テレビドラマにみる数学者という人種

最後の章では、数学者という人種がいったい何者で、いつも何を考えているのかの話をするとともに、改めて数学と人生の関係について考えてみたいと思います。

２０００年に放映された松嶋菜々子主演のドラマ『やまとなでしこ』では、大学の数学科卒業後、マサチューセッツ工科大学（ＭＩＴ）に留学するも挫折した欧介という男を堤真一が演じました。本作では数学者の生態が上手に描かれていると思います。

あるエピソードでは、欧介が結婚式に出席しますが、その場で新郎新婦あわせて68人いる参加者に、どうやってケーキを公平に分割できるかということについて議論が起こります。こうやって切ったらどうだろう、いや、クリームとスポンジの量が公平ではないのでは？

すると欧介が留学時代の友人である新郎と、こんな会話をします。

欧介：「68人分か。17の倍数だからガウスの証明した正17角形の作図を応用すればいいんじゃないかな？」

岡本：「リッチモンドの方法か？」

欧介：「うん」

これは何かというと、定規とコンパスだけで角を等分する方法についての話です。与えられた角を2等分する方法はよく知られており、また正17角形が作図できるということは、ガウスという数学者によって発見されました（欧介の言っている「リッチモンドの方法」というのは、具体的な作図の方法のことです）。

正17角形が作図できれば、その角を2等分して（＝34等分）、さらに2等分すれば、68等分できるはずだと欧介は主張します。

ここは「さすが欧介」と視聴者に思わせるくだりですが、じゃあと言って切られてきたケーキはなぜか四角い。本来、丸いケーキを68等分すると、一切れあたり6度弱（＝３６０度÷68）の扇形になるはずなのですが……。

これは数学者のジョークだと思います。数学者は、机上の理論が楽しいのであって、実際にケーキをその通りカットできるわけではありません。あくまでも理論上できるだけであって、どんなに頑張っても、顕微鏡単位で見たらズレているに決まってます。でも、そういうジョークを楽しめるのが数学者たるゆえんです。これは数学がわかる者同士じゃなければ面白くもなんともないのですが、数学者は、「68」と聞いた瞬間にニヤっとするのです。

このドラマには、毎回このような数学のエピソードが出てきます。例えば「新聞紙を42回折り畳むと月まで届く。0・1ミリ×（2の42乗）は約40万キロメートルだから」。もちろん、やってみようとしても、実際には42回も折れるものではありません。

また、欧介が「おつりの暗算が苦手」と言うシーンも出てきます。意外に思われるかもしれませんが、これは恐らく本当の話で、計算が苦手な数学者はけっこう多いのです。彼らも高校の頃は普通に受験勉強をしているので計算はめちゃくちゃ早いですが、多くの人が大学に行って自分の専門の研究をはじめると、四則演算の計算はあまり出てきません。数学の本質とは論理の積み重ねであって、そろばんをはじくことでも暗算をすることでもないからです。これは数学という学問の特性をよく表しています。

100年後の世に役立つ学問

計算が数学の本質ではないということは、数学者と物理学者の特性を比べるとよりいっそうわかります。

例えば、微分方程式という方程式があります。ちょっと極端な物言いですが、物理学者は微分方程式を解いて解を出すことに関心がありますが、数学者は、解の求め方よりも解が存在するか存在しないかのほうに、より関心があります。

なぜなら、物理学というのは「現象を説明する学問」であり、彼らにとって数学は道具です。彼らの主張は、与えられた方程式の解を求めることによって裏付けることができるのです。

一方、数学はどちらかというと「その道具をそろえる学問」ということができます。ですから、数学は、解がその集合（空間といいます）にあるのかないのか、そして解がない場合は、その集合をどう拡張すると解が存在するのか、ということに重きをおきます。

先ほどのケーキの話でいうと、ケーキを実際にどう68等分するのかということは、実は数学者にとってあまり興味のある問題ではありません。理論上68等分できるかどうかに、「数学の楽しさ」があるのです。

実際、僕自身も正17角形が作図可能であることは、よく知っていますし、証明もできますが、実際にどう作図するかについては興味がありませんし、知りません。

たしか大学時代、数学科の「数学教育法」という授業でこんなことがありました。

教官「xが作図できるときに$\sqrt{x}$が作図できることは知ってますか？」

受講生「知っています」（全員うなずく）

教官「じゃあ、誰か作図してみてください」

受講生（沈黙）

ちなみに、今は$\sqrt{x}$の作図は高校の教科書にも載っています。当時は、代数のガロア理論という科目の授業でどういうものが作図できるかしか習っていなくて、誰も具体的な作図方法に興味がなかった（勉強していなかった）のだと思います。

とはいえ、数学が現実にまったく適用できない、役に立たない学問かというと、そうではありません。例えば、20年くらい前に「ファジー理論」というものが流行りました。これは論理値が真（1）か偽（0）かの二者択一でなく、0から1までの値を連続的に取る論理によって組み立てられる数学理論です。これによって、「あいまいさ」を扱うことができ、洗濯機などの家電機器に「ファジー機能」が搭載されるようになりました。

ただ、ファジー理論が提唱されたのは今から50年くらい前であり、とっくに完成していた理論です。ただし、そのとき完成していたのは理論体系だけ。あとから数学者以外の人が実学の方面、例えば人工知能や商品開発に応用できるんじゃないかと考えて利用したわけです。

また、インターネットでスパムメールを見分けるには「ベイズの定理」という確率の定理を使います。これは、なんと２００年以上前に発見されて、しばらく埋もれていた定理だったりします。このように、数学は、物理や化学などの他の分野よりもずっと先を進んでる分野なのです。

数学者はビジネスマンとして優秀か

この本のタイトルでもありますが、今まで「数学で解ける人生の損得」を、生活のさまざまな局面を例に挙げて説明してきました。そのなかには、仕事に活かせる知恵も多く含まれています。

であれば、数学のエキスパートなら、さぞかしビジネスマンとして、実業家として大成功を収めるのでは……と思いがちですが、実はそんな人はどちらかというと少数派だと思います。

１９８６年にフィールズ賞を受賞したマイケル・フリードマンは、「ポアンカレ予想」という数学上の難問が四次元において成立することを証明したすごい数学者で、マイクロソフトリサーチというマイクロソフトの関連機関に行きましたが、この組織は会社というより研究機関です。しかも行った理由は「自分は数学で最高の結果を出したので、これ以上のものを数学の世界で見つけることはできない」から。ビジネス上の野心があったわけではありません。

卓越した数学者が投資会社などを設立し、数学的理論を駆使すれば、ものすごく稼げるかもしれません。1年で将棋がめきめき強くなった数学の先生の話と同じく、「その世界のルールを完全に把握し、最高の結果を出す」ことについて、数学者は大変優れた人種ですから。ところが、数学者はそういったことに、たぶん興味がありません。それは、儲けることやお金に興味がないというよりは、「数学のほうが楽しい」ということに尽きます。

理論を突き詰めていったら、それを実践したくならないのか？　という疑問はもっともです。ただ、数学とは仮想上の世界で純粋に理論だけを扱う学問であって、理論の積み重ねによって結果を得たり、そこから予測（予想）をすることにその醍醐味があり、それ自体が数学の楽しさでもあります。

計算して問題を解くことではなく、解が存在するかどうかを議論するのが楽しいという人間であれば、それは当然でしょう。彼らは68等分されたケーキが本当に欲しいのではなく、ケーキを68等分できるかどうかを探求することに喜びを見出す人種なのです。

でも、そういえば、例外がいました。MIT（マサチューセッツ工科大学）のエドワード・オークリー・ソープ教授。彼は、トランプのブラックジャックでカウンティングという必勝法を用いて、カジノで大勝ちしたそうです（今はカジノに出入り禁止になっています）。さすがです。

数学は政治に役立つか

数学者が実践に興味がない理由のひとつとして、実践、つまり現実が、数学のように「仮定が100%正しい」わけではないことも挙げられます。第2章で説明した、持ち点10の投資ゲームの場合、「コインを2度投げると、1回は表、1回は裏」という前提条件は、100%正しいという仮定で話を進めています。

しかし、それをいざ経済学に当てはめようとした場合、「円安になったときにA社の株が上がる」というのはほぼ正しいだろうけど、1%や0・1%の確率で外れる可能性がないとは言えません。この曖昧さは、数学者の興味を奪います。200年以上埋もれていたベイズの定理には「事前確率」というやや曖昧な初期設定があります。実は、この恣意性を数学者が嫌ったために、200年以上埋もれていたと言われています。

もちろん、数学者でない我々にとっては、こういうものの考え方自体が人生に「得」を運んでくるのですが、数学者にとっては、数学の研究以上に取り組むべき対象にはなりません。

理論上、数学者は政治にも長けていると思います。例えば、数学者が議員になれば、市なり県なり国なりという集団にとって、どれくらいプラスになるかを合理的に考えて施策を打てるでしょう。全体にとってプラスになるか、ならないかという判断を的確に行えるからです。

ところが現実の政治は、色々な利害関係のもとに成り立っています。どこかの議員さんが、自分の選挙区の有権者にだけプラスになる行動を取るのは珍しくありません。その議員さんは、次も当選しなければならないので、それはある意味当然の行為かもしれません。

例えば市会議員さんに、「近所の交差点が危険だから信号機を設置してほしい」という近隣者からの要求があったとしましょう。市会議員さんにしてみれば、信号機を設置することは近隣住民の安全にとっても、自分の次の選挙にとってもプラスに働きますから、恐らく信号を設置する方向に動くことでしょう。

でも、例えばその信号機を設置するのに、費用が100億円かかるとしたらどうでしょうか（価格設定が極端ですみません）。そのお金は、もっと優先すべきものに回すべきですよね。このように、政策には「自分の選挙区の有権者」という一部の人にとっては明らかなプラスであっても、国や市町村全体にとってはマイナス（もっと優先すべきことがあるから、そこにお金を使うのは、全体にとってマイナスという意味）であることもあります。

ただ、このような状況下だと、この市会議員さんは自分にとってプラス、選挙区の有権者にとってもプラスですから、「信号機を設置する」という方向にしかインセンティブが働きません。だからどうしても設置する方向に動いてしまうのではないでしょうか。

今回の設定は金額が１００億円ですから、誰でもおかしいと思うでしょう。でも、金額をもっと小さくするとどうでしょう？　１億円や１０００万円だったら？　こうして全体の合理性が無視されることも、十分に起こりうるわけです。

明らかに乗降客数が見込めない地域に新幹線の駅を作って、地元の支持を得る政治家の例も同じだと思います。一部の人の利得と全体の利得の合理的判断の問題です。数学者は、新幹線がそこに停車することで、圧倒的多数の人間が被る移動時間の無駄を見逃すことができない性分です。とにかく与えられた条件下で最大の利益を得たい、無駄を極限まで省きたいだけの人種です。

数学者は、本来的な意味では、多数の民衆に最大利益をもたらす判断を下す力があるのです。にもかかわらず、現実の政治家という職業にはまったく興味がないというのが、現実のようですね。

なぜ数学者は自殺するのか

偉大な数学者に奇人変人が多いのはよく知られています。例えば、数学上の難問「ポアンカレ予想」を解決したロシアのグリゴリー・ペレルマンは、ある時期以降、世捨て人のような生活を送り、人前から姿を消し、数学界最高の栄誉であるフィールズ賞や、そこに生じた100万ドルの賞金も辞退しました。

精神に変調をきたしてしまう人も少なくありません。映画『ビューティフル・マインド』にも描かれていますが、ノーベル経済学賞を受賞したアメリカのジョン・ナッシュは統合失調症に苦しみました。一説には、リーマン予想の証明に没頭しすぎて、精神を蝕《むしば》まれたとも言われています。

また、日本の数学者・谷山豊（1927-1958）は、偉大な才能と業績を残しながら31歳の若さで自殺しました。彼は、350年間未解決だった「フェルマーの最終定理」の根幹の一つをなす「谷山・志村予想」にも登場する数学者です。

以下は、谷山豊の遺書です。

昨日まで、自殺しようという明確な意志があったわけではない。ただ、最近僕がかなり疲

れて居《い》、また神経もかなり参っていることに気付いていた人は少なくないと思う。自殺の原因については、明確なことは自分でも良く分からないが、何かある特定の事件乃至《ないし》事柄の結果ではない。ただ気分的に云《い》えることは、将来に対する自信を失ったということ。僕の自殺が、或《あ》る程度の迷惑あるいは打撃となるような人も居るかも知れない。(中略)いずれにせよ、これが一種の背信行為であることは否定できないが、今までわがままを通して来たついでに、最後のわがままとして許してほしい。

自殺する原因がさっぱりわからないと感じられた方も多いのではないでしょうか。実は、谷山に限らず自殺する数学者は決して少なくないのです。なぜ、そうなってしまうのでしょうか。

数学者は、文字通り24時間、数学に取り組んでいます。起きているときは、とにかく数学のことしか考えてない。没頭する。そして次第に、世の中の出来事や人間関係に関心がなくなっていきます。

実は僕も、大学院時代を思い出すと、少しだけこの気持ちがわかります。夜10時から朝5時とか6時まで、シーンとした自室で数学の専門書を読みふけり、読んでいないときでも、さっきまで読んでいた本のことを考えています。

これを突き詰めていくと、普通の生活ができなくなります。研究者とご飯を食べているときも数学の話をしますし、「さっきの証明、こういうふうにやったらどうなるかな」みたいなことが、常に頭をぐるぐる回っています。

歩いてるときも、風呂に入っているときも、極端なことを言うと、寝ているときも数学のことを考えています。テレビなんかほとんど見ません。ある問題が解けるか解けないかにしか興味がなくなります。

これをたとえるなら、常時脳味噌を100メートルダッシュさせているようなものです。でも、実際に常時100メートルダッシュし続けていたら足の筋肉が壊れますよね。なので、休みなく頭をフル回転させていたら、頭が壊れてしまう人が出てくるのも致し方ありません。経験上、数学の難問を1時間でも集中して解いていると、ものすごく脳が疲れますが、それを24時間365日やり続けているのが、数学者なのです。

数学者が、人間に与えられた能力（数学者だけに与えられた特別な脳力）をフルに使っていることは間違いありません。しかし、神様が決めた正しい使い方をしていないのもまた、明らかです。

数学者は、自分が研究していた問題が先に解かれて悔しいとか、誰かにふられて絶望したとかいう理由で自殺するわけでは決してないのです。もちろん生活苦のような世俗的な理由でもありません。

数学に心底没頭すると、頭を休める暇がなくなります。常人には理解しがたい境地の話ではありますが、数学という学問の奥深さを、良くも悪くも証明していると言えるでしょう。

数学ができない人は、ものを教えるべきではない

さて、この本もそろそろ終わりに近づいてきましたので、最後になりましたが、なぜこの本を書くにいたったかの理由をお話しさせてください。

2014年7月、僕は自分のブログで「数学ができない人は、ものを教えるべきではない?」というタイトルの記事を書き、大変な反響をいただきました。これは、同じ東進ハイスクールの講師である林修先生のブログエントリーに触発されて書いたものです。

本書の冒頭でも書きましたが、まず大前提として、高校の数学は大人になってから使うことはありません。しかし、そういうふうに言うと、多くの人は、「であれば高校数学を勉強する意味がない」「大学受験のためだけに高校数学を勉強している」と早合点します。

でも、本当にそうでしょうか？　たしかに、高校数学は大人になってからそのまま使うことはありません。しかし数学を学ぶ目的は、ベクトルや積分といった〝知識〟を増やすことではないのです。この本でも再三繰り返しているように、数学の目的は「合理的判断力」や「論理的思考」を養うことにあります。

数学は、ルールや約束事を理解したうえで問題が与えられ、その状況下での最適な値を出す学問です。その「思考の訓練」をするのが高校数学の一番の目的です。

それは現実社会でも同じです。いろいろな状況に遭遇したとき、「現在ある状況を正しく認識して、その状況から自分がとるべき最適な値を導き出す」必要が生じるでしょう。これはまさに、高校数学そのもの。高校数学で思考の訓練ができているからこそ、社会に出たとき、このような問題に立ち向かえるのです。

僕は講演でよくこんな話をします。

「私立文系で入試科目に数学がないからといって数学の勉強を放棄する人は、ものすごいハンディキャップを背負って社会に出ていることになるんですよ」

また、林先生はブログで、こんなこともおっしゃっていました。

「数学の論理的な思考の世界を楽しいと思えなかった人が、高校生などに教えるのはいかがなものか」

僕も全く同意見です。数学のできない（≒数学力がない）人の説明は、要点を得ておらず、暗記中心になりやすいのです。数学を教える職業人として、これはとても残念なことです。

さらに林先生は、こうもおっしゃっています。

「少なくとも実際に会った教え手のなかでは、僕が優秀だなぁ、素晴らしい先生だと思った方は、全員例外なく、数学ができました」

これも同感です。思考の訓練ができている人はものごとをきちんと体系化し、情報量の多いものをうまく圧縮して説明することができます。これは、どの教科でも同じです。だから数学ができることは「良い教え手」であることの必要条件です。十分条件ではありませんというか、十分性はまったくありません（笑）。

当初はこのようなテーマで本を書こうと思っていたので、最初に考えた書名は「数学ができない人は、ものを教えるべきではない」でした。

しかし、どんなことを書こうか内容を精査していくうちに、気づいたのです。数学ができることは「良い教え手」であることの必要条件であるだけでなく、「良い人生」を送る上でも必要条件なのではないかと。つまり、数学ができるからといって良い人生を送れるとは限りませんが、良い人生を送るためには数学を学んでおくべきであると。

そして「良い」には、あらゆる種類の「得」が詰まっています。

人類の叡智《えいち》の結晶である数学という頼もしい道具によって、本書をお読みになった方の人生が少しでも良いものになることを、心から願っています。

【第1章　P022】①関数の手法で解く確率の問題

〈例題〉

$f(x)=x^2-2x+a$とする。すべての実数xに対して、$f(x)>0$となるようにaの値の範囲を定めよ。

（考え方）

すべてのxに対して$f(x)>0$	⟺ 同じ	（$f(x)$の最小値）>0

と考えると

$f(x)=(x-1)^2+a-1$

より

$a-1>0$

$\therefore a>1$

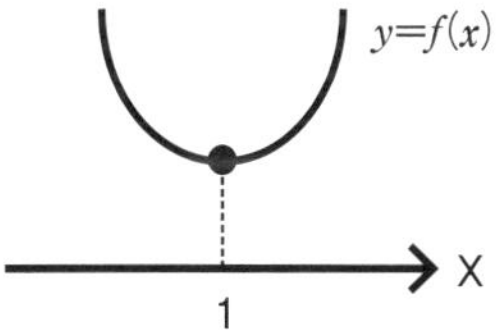

【ちなみに実生活では……】

10人が100メートルを走るとき、全員が15秒以内で走る	⟺ 同じ	10人のなかで一番足の遅い人が100メートルを15秒以内で走る

ということ。

【確率の問題ではこの手法を逆に使う】

〈例〉

3つのサイコロを1回投げるとき、3つの目の最小数が4以上である確率を求めよ。

最小数≧4	⟺ 同じ	3個ともすべて4以上の目

と考えると、$\left(\frac{3}{6}\right)^3=\frac{1}{8}$

【第3章　P102】②「n、$n+2$、$n+4$がすべて素数ならば、$n=3$」の証明

「素数」とは、「1より大きい整数で、1とその数以外では割り切れない数」のこと。例えば、2、3、5、7などは素数で、6、8、10などは素数ではありません。また、素数は「（1以外の）正の整数の積に分解できない数」とも言うことができます。実際、6＝2×3、8＝2×2×2、10＝2×5と分解できるので、6、8、10は素数ではありません。

この問題の正解は、$n=3$です。塾の生徒さんの中には、1から順に当てはめていく人がかなりいます（それ自体は正しい方針です）。そうすると、3という答えが見つかり、「なんだ、$n=3$じゃん」となってしまうのですが、それは論理的思考からはほど遠いものです。

この問題文をQとすると、「$n=3$ならばQを満たす」——これは正しいです。だから、Qを満たすためには「$n=3$」であることが十分条件であることは正しいです。

しかし、問題文の出題者の意図はそこにあるわけではないと推測されます。出題者が言いたいのは、「nが3のとき、Qが成立することはわかるけど、3以外のほかに答えがないことを証明してほしい」なのです。

$n=3$以外の可能性を消去する、つまり「$n=3$」が必要条件である（＝3以外は答えになりえない）ことを証明せねばなりません。

では、証明をしてみますが、ポイントは以下の事実にあります。

「3の倍数の中で素数は3しかない」

なぜだかわかりますか？　3の倍数は、

3、6、9、12、15……

とたくさんあるのですが、これを3×（整数）の形に直してください。そうすると、

3×1、3×2、3×3、3×4、3×5……

3×1以外は、（1以外の）整数の積に分解されてますよね。だからこれらは素数ではありません。よって、3の倍数の中で素数は3しかありません。

では、これを用いて、先ほどの問題を証明してみましょう。

まず、正の整数nは以下の3通りのうち、必ずいずれかの形で表せます。

$$n=3k$$
$$n=3k+1$$
$$n=3k+2$$

たとえば、7は$n=3k+1$（$k=2$とすればよい）、15は$n=3k$（$k=5$とすればよい）、20は$n=3k+2$（$k=6$とすればよい）ですよね。このように、すべての整数は上記3つのいずれかの形をしています。

まず、$n=3k+1$の場合を考えます。このとき、$n+2$を計算してみましょう。$n+2$は以下のようになります。

$$n+2=(3k+1)+2 \quad (k\text{は整数})$$

これは3でくくることができます。

$$n+2=3(k+1)$$

つまり、3×（整数）の形になったので、$n+2$は3の倍数です。そして、問題文の仮定によって$n+2$は素数でもあります。ところが3の倍数かつ素数なのは3しかありません。つまり$n+2$は3にならざるをえないわけです。ということは「$n=1$」にならざるを得ないのですが、そもそも1は素数ではありませんので「$n,n+2,n+4$はすべて素数」は成り立ちません。

つまり、$n=3k+1$の場合は、数学的に起こり得ないのです。

では$n=3k+2$のときはどうでしょう。今度は$n+4$を計算してみましょう。$n+4$は以下のようになります。

$$n+4=(3k+2)+4=3(k+2) \quad (k\text{は整数})$$

よって、$n+4$は3の倍数です。$n+2$のときと同じように、問題文の仮定によって$n+4$は素数です。ところが3の倍数かつ素数なのは3しかありません。つまり$n+4$は3にならざるをえないわけです。ということは「$n=-1$」にならざるを得ないのですが、そもそも−1は素数でないばかりか、正の整数ですらないので、これは「ありえません」。

このようにして、$n=3k+2$のときも数学的に起こり得ないことがわかりました。

さて、$n=3k+1$の場合と$n=3k+2$の場合が起こりえないことがわかりました。これが何を意味するかというと、$n=3k$（nは3の倍数）であることを意味します。そして、仮定により、nは素数です。3の倍数で素数は3しかありませんから、nは3です。このようにして、

①$n=3k+1$はありえない
②$n=3k+2$はありえない
③3の倍数で3以外もありえない

という流れ（まさに消去法ですよね）で、$n=3$以外がすべて否定されたことになります。

【第3章　P110】③「$1+a+b=0$において、a,bのうち少なくとも一方は0以下になる」証明

背理法で示す。$a>0$かつ$b>0$と仮定すると、

$a+b>0$

である。仮定より、

$a+b=-1$

であるから、これは矛盾である。よって、a,bのうち少なくとも一方は0以下である。

【第4章　P138】④「4×4チョンプが先手必勝である」証明

まず、先手は次のように9枚取ります。

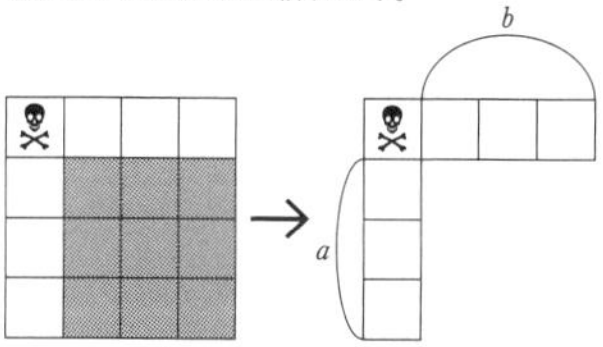

　このとき、後手は下側に伸びる板（aと呼びます）と右側に伸びる板（bと呼びます）のどちらかから何枚かとるということしかできません。

　そこで、先手は

「後手のとった枚数と同じ枚数だけ反対側からとる作戦」

に出ます。

　例えば、後手がaから2枚取ったら先手はbから2枚取ります。

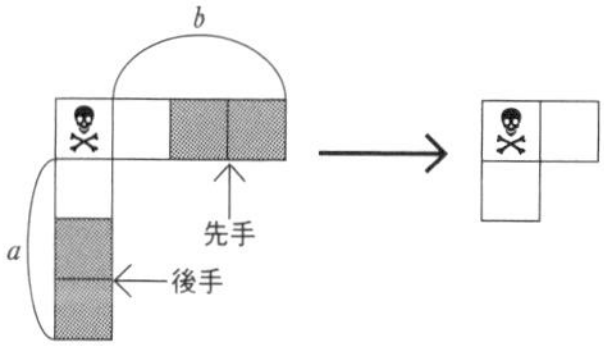

例えば、後手がbから1枚取ったら先手はaから1枚取ります。

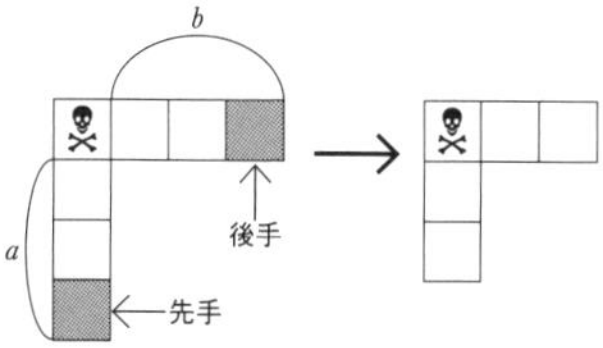

このようにすることで、先手は

（aの枚数）＝（bの枚数）の状態

で常に後手に渡すことができます。ということは、最終的には、

（aの枚数）＝（bの枚数）＝0

で後手に渡すことができるので先手の勝ちです。

この状態で後手に渡すので
先手の勝ち

　ちなみに、この「相手のとった行動と同じ行動をとる作戦」というのは、ゲームにおいてはたびたび見られます。将棋でも相矢倉といって相手と同じように駒組みをするのがそのいい例です。

　社会においても同じような現象が見られますよね。競合関係のA社とB社がある場合、一方が動くと他方が追随して同じ行動をとるというのは、まさにそう。これは、ライバル会社に「負けない」ための行動ですが、「必勝」というのはある意味負けないことですから、どこかに通じるものがあるのかもしれませんね。

志田 晶(しだ・あきら)

東進ハイスクール数学科講師

1970年1月22日、北海道釧路市生まれ。東進ハイスクール、東進衛星予備校の数学科講師。名古屋大学理学部数学科、名古屋大学大学院理学研究科数学専攻博士後期課程を卒業後、1995年から2007年まで河合塾で数学を担当。2008年に東進へ移籍。同予備校のテレビCMにも出演するトップ講師で、『数学の勉強法をはじめからていねいに』(東進ブックス)ほか参考書も多く執筆している。また、テレビ番組への出演も多数。趣味はサッカー、ワイン。

編集・構成	稲田豊史
ブックデザイン	池上幸一
DTP	藤田ひかる(ユニオンワークス)
写真	石原敦志

数学で解ける人生の損得

2014年12月27日　第1刷発行

著　者	志田 晶
発行人	蓮見清一
発行所	株式会社宝島社 〒102-8388 東京都千代田区一番町25番地 電話(営業)03-3234-4621 　　(編集)03-3239-0069 http://tkj.jp 振替:00170-1-170829　(株)宝島社
印刷・製本	中央精版印刷株式会社

ISBN 978-4-8002-3418-6